U0337229

大贱年

1943年卫河流域战争灾难口述史

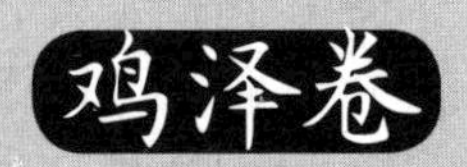

王　选◎主编

中国文史出版社

图书在版编目（CIP）数据

大贱年：1943年卫河流域战争灾难口述史．鸡泽卷 / 王选主编．—北京：中国文史出版社，2015.12

ISBN 978-7-5034-7207-7

Ⅰ.①大… Ⅱ.①王… Ⅲ.①灾害 - 史料 - 鸡泽县 - 1943 Ⅳ.①X4-092

中国版本图书馆CIP数据核字（2015）第297964号

丛书策划编辑：王文运
本卷责任编辑：李晓薇
装 帧 设 计：王 琳 瀚海传媒

出版发行：中国文史出版社
社　　址：北京市西城区太平桥大街23号　　邮编：100811
电　　话：010-66173572　66168268　66192736（发行部）
传　　真：010-66192703
印　　装：北京中科印刷有限公司
经　　销：全国新华书店
开　　本：787mm×1092mm　1/16
印　　张：15
字　　数：215千字
版　　次：2017年9月北京第1版
印　　次：2017年9月第1次印刷
定　　价：860.00元（全12册）

《大贱年——1943年卫河流域战争灾难口述史》
编 委 会

目 录

双 塔 镇

吴官营乡

小 寨 镇

曹 庄 乡

北赵寨

采访时间：2007 年 10 月 4 日

采访地点：鸡泽县曹庄乡北赵寨

采 访 人：张文艳　王占奎

被采访人：董光文（男　79 岁　属蛇）

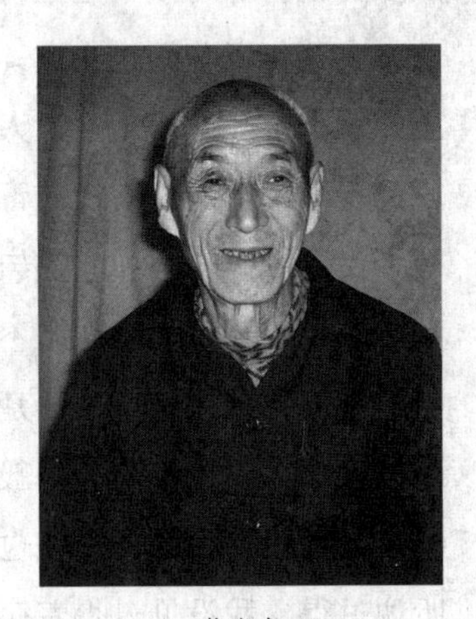

董光文

我上过几个月的学，家里就是受苦的，以前家里有 5 口人，家里从来都没地，还有一点盐地，不能长粮，父亲是买卖人，在村里做买卖。那时家里不行，我 9 岁就做买卖卖东西了，就那样过来的。那时还不到灾荒年，灾荒年就不在家了。

灾荒年是民国 32 年，我们是过了麦走的，在山西太原待了两年，几口人都走了，现在我们的买卖还在太原。在太原就是给人干活。灾荒年地里不收，一亩地才见三四斤小麦，那时候日本人还在这。下雨苗就死了，地里盐太多了，一下雨就不中了。民国 32 年的时候在地里刨土，回来熬盐，出去卖，一斤一两毛钱，卖了盐再拿钱买粮食，买口粮，那是解放以后了。

民国 32 年之前的天不好，天旱，一年一年的不下雨，民国 32 年小麦没收，秋苗没种。后来也没下雨。下七八天雨是 1956 年的事了，第二年就都淹了，地淹了，滏阳河也开了口子，没人管，1963年水还大，漳河的水跑到滏阳河，房子都倒了，人往高地跑，那时候国家管。

民国32年很多人都出去了，都去山西，到农村去给人干活，到太原的多，一年给8块钱。那地方地里收成好，不缺粮食，地多，地主有二三百亩地，那时候住在地主家里，地主也很坏，跟电视里演的一样。在这村里还有吸大烟的，穷人吸大烟，没钱就偷，啥也偷，抽大烟斗抽死了。那时候逃荒的解放之后回来了。

逃荒的时候日本人还在，灾荒第三年日本人走的，我回来的时候日本人还没走完，也有很多人在那儿定居了。那时候逃荒是坐火车去的，也不用多少钱，那时候不走不行，啥也卖了。

灾荒年以前闹过虫灾，可厉害了，地里挖个沟，沟里全是蚂蚱，埋上土，就都憋死了。地也没人管，蚂蚱把苗吃的光剩秆了。村里人都煮蚂蚱吃，也不知道蚂蚱有没有毒。

民国32年这村里没传染病，这村小，灾荒年之前有五六百口人，灾荒年有二三百口人，死了不少，也有出去回不来的，也有在家饿死的。那时候人都得什么病咱不清楚，听说过羊毛疔，这村里没有，我没见过。那时候没医生，也没药。一般都是扎针，老中医扎，有扎好的。霍乱就是肚子疼，村里有得的，没钱也没医生，死了一些人，一得就死了。这村里没听说过得，我没见过得着病的。灾荒年人饿得走不动了，饿得在路上看到水，趴下就喝，在路上可以看到不少死人，就咱这一片，饿死了不少人。那时候树叶都吃了，榆叶是好的，还吃槐叶、椿叶，吃槐叶还肿脸。那时候啥也吃，茅草也吃，还吃地里的草根。

采访时间：2007年10月4日

采访地点：鸡泽县曹庄乡北赵寨

采 访 人：张文艳　王占奎

被采访人：刘喜辰（男　73岁　属猪）

刘喜辰

我也闹不清楚是下雨还是河开口子，那我记不清楚。是过了灾荒年，第二年是好年景，蚂蚱那会儿是有，高粱长了一人高了，蚂蚱一过地就没口余了，不能下脚，地上一层，高粱不能收了，成光杆了，挖沟子，多的就那一回。曲周、秦皇岛就是好年景。

没传染病的。生过疥疮、脓包，不多，不咋的，很稀少，好治。有那个霍乱病，也是着凉。扎扎胳膊弯，难受。我们村没记得有，得这个病听说好治，没听说死，一扎一出血就好了。不多。羊毛疔也有，羊毛疔挑挑就好了，不知道。

我那会儿小，日本人来了，从曲周城吧，从鸡泽那条（过来的）。跑，跑到高粱地里，可（日本人）没进村。那年咱这村还没事，就是曲周县来过，曲周城里有20个日本人，（城里）净是皇协军。五分队八路军在这儿，打呢，打不过日本人，日本人多，八路军有多少不知道。

采访时间：2007年9月30日

采访地点：鸡泽县曹庄乡尹曹庄村

采 访 人：张　伟　刘付庆生　吴开勇

被采访人：路大妈（女　77岁　属羊）

我娘家在曹庄乡北赵寨。民国32年我在娘家，当时十几岁。日本人路过，我们都吓跑了。日本人都抢东西。民国32年没有收东西，不是淹了就是旱了，都吃树叶。村里人有的出去逃荒了，有的留在家里。（逃荒的）逃到山西了。当时村里有三四百人。能出去都出去了。死得太多了。村里都快没人了。也有回来的。

没有传染病，民国32年没有，都是饿死的。霍乱肚子痛。都好了。

扎针好的。往手上扎。出黑色的血。

当时有人被抓到日本，抓去做工了。一个家里就3个，都传着说到日本去了。民国32年先旱，又下雨。记不得啥时下的。房里漏，没法过。听说河开了口子。村外地里都淹了。日本人离这里远。

采访时间： 2007年10月4日
采访地点： 鸡泽县曹庄乡北赵寨
采 访 人： 张文艳　王占奎
被采访人： 赵玉喜（男　80岁　属龙）

赵玉喜

我八九岁的时候上过小学。日本人来的时候记不清了。民国32年是灾荒年，先旱后淹。天旱得啥也没种上，后来又淹了，不是下雨下的，南边的河开了口子淹了，不清楚是哪个月开的口子了。

车　庄

采访时间： 2007年10月4日
采访地点： 鸡泽县曹庄乡车庄
采 访 人： 靳爱冬　张海丽　齐　飞
被采访人： 张玉德（男　83岁　属牛）

张玉德

民国32年（上半年）旱，滏阳河开口，日军把河堤挖断啦，为了修曹庄炮楼，往西曲周五六里有炮楼，这是保护村，出了这就烧杀，(日军) 把村头的树都锯了。日军在这里 8 年，1942 年、民国 31 年秋季开始发水。水到了村里，都淹了，没有得霍乱病的。

东孔堡村

采访时间： 2007 年 9 月 30 日
采访地点： 鸡泽县曹庄乡东孔堡村
采 访 人： 姚一村　李　琳　石兴政
被采访人： 李保贵（男　80 岁　属龙）

李保贵

我没念过书，从小住这个村，鬼子来以前家里 3 口人。民国 32 年吃不饱。那会儿种一亩地不见长，不见种子。那时种谷子、玉米、高粱。如果没有灾荒，一亩地收百十斤，3 斗多，1 斗是 30 斤。

民国 32 年没记得淹。下雨是下了好几天，记不清时候了，光记得那会。地里把谷子都割倒了，还没收，都泡了。村里没积水。那年我没逃荒。霍乱病多得很。扎针放血，扎舌头也能放出黑血，放出来就好了。村里没大夫。有个能人会给扎扎针。人死了就埋起来，埋自家地里。买起了就买个棺材，买不起就胡乱埋了。没有救灾的。有一年闹蝗虫，我记不清哪年了。没人管。

灾荒年有日本人。解放时我 18（岁）了。日本人不闹，皇协军闹。炸曲周那会儿日本人才来，没见撒东西。日本人没给老百姓发东西吃。

采访时间： 2007 年 9 月 30 日
采访地点： 鸡泽县曹庄乡东孔堡村

薛韩氏

采 访 人：姚一村　李　琳　石兴政
被采访人：薛韩氏（女　90岁　属马）

我灾荒年在这里。民国32年下的雨，地里淹了，平地水很深。不知道滏阳河开没开口子。过去的事记不住了。

民国32年灾荒真可怜，"男男女女老老少少……"（歌词）。

薛计章

采访时间：2007年9月30日
采访地点：鸡泽县曹庄乡东孔堡村
采 访 人：姚一村　李　琳　石兴政
被采访人：薛计章（男　72岁　属鼠）

解放后由曲周县划到鸡泽县几个村。我没上过学。一直在这住。这里以前也叫东孔堡，一直属鸡泽。

民国32年旱，没井浇地。啥时旱不知道，先开始旱，后来又下雨。民国32年八月十七下的，一下下了七八天。听老人说的，我记不准。下得地里都漏湿了。村里倒没淹，种高粱、谷子，都不见粒，都泡没了，这儿还有茬子。村南盖房有个磨，把谷子沤沤都吃了。

这边没遭河水冲。滏阳河也没法浇地。民国32年不是河水淹了，就是下雨下的。河没开。1956年倒开口子。滏阳河原先混拐，现在直了。两三丈宽，十几米，和现在差不多。滏阳河有河堤。1956年从别处挖沙子填堤。这里地势高。

民国32年，五号病、二号病挺厉害。都说是霍乱，拉肚子，说是霍乱叫二号病还是五号病倒不清楚。民国 32 年有，下雨下得天潮。肚子愣疼，疼就疼死了。脸黄，从这儿（胳膊弯）的血管用木头梗样的铁丝针扎，黑血就流出来。血蹿得老高。见过扎针的，出来的血是黑的。不是大夫（扎），村里有会扎的。随便找个铁丝，磨光了就扎，不消毒。也不知道谁教的这个法。一扎出血病就好了。那时村子里五六百人，不知道有多少人得病，反正不少。那病传染挺厉害。当时就知道叫霍乱。不抽筋，就是肚子疼，不论老人小孩都有。霍乱跑茅子，一天就要命了。那时候六七岁，记不准。我家有个爷爷得病。这病怎么得的不好说，是气候的事不？听说全世界都挺重视。

村里没大夫，有的得了病去外村里看，有卖草药的。人死了都埋地里。得了这病死的人不多，一扎血就能好了。这个病不记得之前有没有。后来很少有。当时还有疟疾，忽冷忽热，伤寒也有。没啥症状，就是发烧。（霍乱）不知道从哪里传染来的，这一片就比较厉害。那时村里喝井水。

这儿该没有逃荒的，（逃荒的）走到半路，有的饿死了。从民国 32 年这一年开始逃。我没逃。逃荒的也是少数，占不了一半，也就是百分之二三十。

那时三五天日本人就来，村西边有炮楼，日本人在那住着，还有皇协军。村里没住日本人。皇协军要东西的，年岁又不好，吃不上饭。八路军在村子住，大部分黑夜来这住。日本人一下炮楼，八路就打。从西边挖沟，八路从沟里过，日本人就看不见。叫“备战备荒”。有土匪、日本（人），八路一来，土匪少了，气门小，就不来了。土匪有很大规模的，头儿叫肖成香。当时有村长，村里找个有威望的、（办事）公平点儿的当村长。当时县城是中央军，国民党政府。解放后就没了。

当时闹灾荒没人管。县城也有共产党的县长，不在城里住，不知道八路军总部在哪儿。

光听说日本（人）有个黑团，不知道干啥的。从前有个大刀会、红枪会，后来就没了。日本（人）一扰乱，顾不了啦。

没见过日本人穿白褂，穿黄衣，戴大钢帽。不知道日本人撒没撒细菌。飞机在上边飞，扔炸弹。炸过曲周，不撒东西。飞机俩翅膀，两边俩红道，白色（机身）。

村西一个炮楼，小寨一个，小寨往东善堡有一个。老多。炮楼之间通马路，通个沟，一两丈深。四方的炮楼，有高的，有矮的。这儿也挖地道，日本人一来，人就钻地道进去，日本人就抓不住。地道是躲避用的，不（用来）打仗。日本人也不是个个都打人，只打八路。皇协军比日本人还坏。打人。他们也吃不上饭，吃不上就抢粮食。

日本人抓劳工。挖沟修啥的，干得不好的，皇协军就打。村里李明川被抓到日本，日本投降以后就回来了。现在才死没几年。西孔堡也有一个被抓到日本，后来也回来了。

采访时间： 2007年9月30日

采访地点： 鸡泽县曹庄乡东孔堡村

采 访 人： 姚一村　李　琳　石兴政

被采访人： 薛继东（男　73岁　属猪）

薛继东

我上的学不多，在长春当过兵，当兵前上过小学。没上国民党的学校，是解放后上的。

民国32年我八九岁了，下了七八天雨，没多少收成。先有旱灾，后有水灾。民国31年旱，啥也收不到。种玉米、小麦，谷子很少，解放后才开始种棉花。小时候吃不饱，吃糠菜饭。

民国32年秋天下的雨，具体时间记不清了。村里没井，庄稼种不上。下雨下得房子都塌了，砸死过人。那时村里五六百人。这地段逃荒的有十几户，差不多占20%。死了人都找不到年轻力壮的抬，饿死的多。民国

32 年是雨水，没河水。没听说滏阳河决口。1963 年决了。地里淹了，庄稼都淹死了。本来就收不多，一亩地收二斗麦子就算好的。一斗 30 斤。地很少，都在老财地主家。当时我家有十来亩地，吃不饱，但是没出去（逃荒）。有扎针放血那回事，听说过。放黑血，有说霍乱的，传染，肚子疼，弄不清死得快不快。我家里没得的。当时不知道叫霍乱。村里没大夫。有那病，在村里不严重。不知道什么原因。具体时间记不清，可能是下雨后。

民国 31 年后土匪也挺厉害。村里有日本人。

抗美援朝我在中国人民志愿军 492 部队，独立六团，团长李森。

采访时间： 2007 年 9 月 30 日

采访地点： 鸡泽县曹庄乡东孔堡村

采 访 人： 姚一村　李　琳　石兴政

被采访人： 薛寿善（男　82 岁　属虎）

薛寿善

我念过两回（书），一回念了半年，另一回念了一年。小时候家里五口人，父亲、娘、一个兄弟、一个妹妹。生活不中。地里啥也没了，地也不种了。进鸡泽城里。民国 26 年进来，南门外净是水。日本人哗哗蹚水进来了。这离鸡泽城 30 里地。

这里解放前也归鸡泽。我一直住这里。

民国 32 年是灾荒年，第二年啥也不种了。民国 33 年收了麦子。日本人 5 个人在这儿，修炮楼，中国人来守。为什么不好过？一个是年景不好，另一个是这个村里有 9 个地主跟你要东西。

民国 32 年接连下雨七八天，房漏了，十个有八个漏。房梁上都是水珠。8 月 21 日开始下，下得地里都是水，苗也长不好。永年城墙三丈六尺高，一丈多宽。那时候我23岁，让我当民兵。

水往东流了。河水就（是）滏河，从曲周过去。这边河小，水都从大河走。民国32年没开口子，六几年下了，开口子。民国32年没记得什么病。

坏事净中国人干的，抓人啥的。这儿有个小子，当了八路军，第二年回来时，日本人把人都赶到场子上，问谁是八路军。日本人找翻译官，净是他带人干的。到村里就绑人。人多了，八路军不敢打，人家枪好。

李曹庄

采访时间： 2007年9月30日

采访地点： 鸡泽县曹庄乡李曹庄

采 访 人： 张 伟 刘付庆生 吴开勇

被采访人： 高学意（男 75岁 属鸡）

高学意

我一直在村里。没有上过学，都是自学的。当过儿童团团长，上过扫盲班。村那头有炮楼。有皇协军，协助的协。民国32年大旱，人吃人的年代！从民国30年开始旱。发大水是1963年的时候。解放了。民国32年有逃荒的，逃到山西去了。当时咱这村里百多人。我们家民国32年上半年去邢台市了。民国33年就回来了。日本人开飞机来扔炸弹。在曲周扔。有让日本人抓到邢台、邯郸去的。抓去修路。灾荒年饿死的人很多。有得霍乱的。有人去埋爹，自己也死在路上了，也饿死了。穷人都好多得那个病的。得了那个病拉不出来，都憋死了。蚂蚱也叫蝗虫。那满地都是。什么都吃光了。

采访时间： 2007 年 9 月 30 日

采访地点： 鸡泽县曹庄乡李曹庄

采 访 人： 张　伟　刘付庆生　吴开勇

被采访人： 李景申（男　84 岁　属鼠）

李景申

我一直住在这村子里。没上过学，那时候家里穷。饿了吃糠。

民国 32 年一直旱，种不上东西。民国 33 年很多蚂蚱。民国 34 年下雨下大了。没有发过大水。民国 32 年有逃荒的，都逃到山西了。我没有逃荒。逃走的都没有回来，可能死了，也可能当兵了。有饿死的，不知道啥名字，只知道小名。

日本人是在我十四五岁的时候来的。路过，没抢东西。在村西头修了个炮楼，没来村里。没有面了给他送面，没有米了给他送米。没有被日本人抓去的。皇协军来过，来了锯那个枣树。有土匪，但我们村没有，（土匪）抓了人给点钱就能出来。没有人领着土匪过来。

有人肚子痛的。于成交他爹娘都死了，听别人说得霍乱死的。有些人去扎针了，给他放血，都是黑血，放血就好了。（比如）高新根（音译），但他爹妈三叔都扎死了，就在民国 32 年那个年头。得那病的没多少人，都是零星得的。

刘信卜村

采访时间： 2007年9月30日

采访地点： 鸡泽县曹庄乡西孔堡村

采 访 人： 姚一村 李 琳 石兴政

被采访人： 宿莲秀（女 71岁 属牛）

常金环（女 73岁 属猪）

薛万的（男 69岁 属兔）

宿莲秀

常金环

我民国32年在姥娘家，刘信卜，南边。没东西吃。那年旱灾，没井。春天没雨，六月下的雨。我在姥娘家住了10年。姥娘家没淹，周围十来里地都没淹。滏阳河1963年开的口子。14（岁）才不在姥娘家住了。灾荒年一直在刘信卜住。我姐姐卖到长治，人家给了一斗高粱（眼含泪水）。

民国32年那时长疥疮，满手泡。疥疮和霍乱不一样，（疥疮）就是浑身痒。霍乱肚子疼，东西孔堡一天死了17个，肚子疼，一上来就死啦，都叫霍乱。俺三姥爷会治霍乱，扎（针），扎扎就好。他救多少人！（叹气）不知道姥爷叫个啥。东西孔堡一天埋十几个，听老人说的。那年我才几岁，记不清。不知道什么时候得的。

雨接接连连，昼夜不停，一下七八天。那时穿布鞋，地上净水。都湿了，蹚水，要不人就得霍乱了？人就是受了潮得霍乱。

唱歌：

薛万的

民国32年，灾荒真可怜。

接接连连下了七八天。

水稻受了潮气，人人得霍乱。

男女老少计算计算死了一大片。

……

饿死饿活好像鬼一般。

……

（老人已经记不完整，已根据录音整理出简谱版。）

霍乱不知道从哪里来的。就那一年，雨下了七八天，又吃不上饭。

柴火都湿了，拿布条，一摞一摞缠成摞，吹吹，才能点着。这家对对（火），那家对对火，才能做好饭。

得病的人不分大小，有大人有小孩。俺那村里有（霍乱），少。都乱说这是啥病，都说霍乱，肚子疼，恶心。治也治不及。

日本人在俺这儿村西头修炮楼，修好炮楼就在那住。有点粮食都叫他们抢走。

蚂蚱一片一片的，庄稼上一串一串，撵到沟里，拿土埋。那年下霜下得早。

八路军白天钻旮旯里，日本人一扔炮弹就跑了。我小孩的爷爷跟俺叔叔两人去当八路军了，把俺爷爷弄炮楼上捆起来灌辣椒水，一说家里有俩孩子当八路了，就不行。那会儿当八路军谁敢吭气？不说就在胳肢窝里夹个烧红的棍子，一个个往里夹。也打，也埋。那也不说。要不俺家里双烈属？俺爹俺叔打日本死伤了（说着指着墙上挂的"烈属光荣证"）。

南赵寨村

采访时间：2007 年 10 月 4 日

采访地点：鸡泽县曹庄乡南赵寨村

采 访 人：靳爱冬　张海丽　齐　飞

被采访人：刘文华（男　79 岁　属蛇）

刘文华

民国 32 年，家里六七口人，家里有 30 多亩地。风调雨顺还行，多数不够吃的，盐碱地，不长苗，毛主席后改良土地，1 亩产 1000 多斤，当年村里有 450 多口人。

灾荒年先旱再涝，日本鬼子在这，群众不能干活。有点粮食都被抢走，有吃的都抢走，多逃荒到山西、河南，我逃到开封。灾荒年那年旱的种不上苗，种上都旱死、碱死了，后滏阳河开口又淹死了。民国 31 年开了口子，下雨大，河口受不了开了口了，不是有人挖的。开口子外在村子西南，叫西南口子。现在还能看见，离这里二三里地。民国 31 年开口子的大坑还在。

灾荒年雨下了七天七夜，民国 32 年正式灾荒。民国 31 年秋比这稍旱，开始下雨，得病下雨后死数很多，没医生。连冷带饿死得不少，死了多少不清楚，剩下在村里的不多，出去的多。我民国 31 年冬天（阴历十一月几号）出去逃荒，先到开封，又到濮阳，民国 32 年的春天收麦子时参差错落又来了，种地时直接种麦种子就好了。

连饿又冷又寒得上了病。死时的情形不清楚。上吐下泻的为很正常的情况，老人小孩扛不住，叫霍乱，拿针扎腿筋放黑血，连毒气放了就好了，当时没有药。民国 31 年得 32 年就好了，病是多样的，说不上来。

见过日本人，给日本人干过活，修马路，堵城墙，打冰凌打碎了不让八路军过，1938 年或 1939 年。1937 年秋后，（日本人）到了曲周，先到邯郸、永年、曲周，我在村子里、在营府都见过，来到中国糟蹋中国。当过“红枪会”，抢粮食，与日本人一块去。

日本人穿军装，见过穿白大衣的，很少，这些人干什么不清楚，没有给村里的人打过疫苗。

蝗灾严重，一来时是黄的，地上一层，过后庄稼全没了，在民国32年的五月份，秋天的头年里，高粱长穗了，爬满了秆了，拿袋子一捂，到锅子炒一下吃，可香，没毒。谷子也长虫子了。

抓劳工的听说有，有一个“老万”让人逮走去了日本，没回来，在村里抓的不多。

灾荒年发大水，数那年发大水，在之前也发过，淹不到村子里，不清楚。当时在井里喝水，多为喝开水。

采访时间： 2007年10月4日
采访地点： 鸡泽县曹庄乡南赵寨村
采 访 人： 靳爱冬　张海丽　齐　飞
被采访人： 王万德（男　属鼠）

王万德

民国32年家里五口人，一个哥哥，一个母亲，两个姐姐，当时家里十六七亩地，平时产粮食基本够吃，但日本人与伪军来抢，灾荒年更不行。

村中有400多户，1300多口人。我没上过学，村中死的人不少，多为饿死。民国32年前半年、民国31年基本没下雨，民国32年的七月份一连下了七天七夜，在滏阳河的“白窑”（音）开了口子，没人管。妻离子散，东跑西窜，卖儿卖女。饿死一部分人，出去一部分人，又一部分穷人卖儿卖女卖房，地主、富农有吃的。

父亲早死去，家里有五口子，大姐出嫁，剩下二姐、大哥在抗日部队。当时村子里属于曲周县解放四区。在滏阳河以南，离咱村有四五里地，在村的西南“塔寺村”。

下雨后，在地里水可以到膝盖以上，在大街上没水。发大水是由于连着下雨，水冲开（河口子）的，没有人管，不是人故意挖的。发大水在下雨中间，开了口子，天就晴了。

“黑色病”上来后，人就黑瘦，民国32年前后都有。霍乱在那会儿有，一上来就肚子疼，吐、泻。迷信就是财神鬼上身了。村子里得这病的人不少，谁得的不清楚。解放后也还有这种病，灾荒年更多。

外村没有来逃荒的。村里的人逃到河南开封、山西的多，逃到山东的都死了。我家那会儿不用逃荒，家中有照顾，家还是好家庭，家里还是一天三冒烟。

在村里来过日本人，日本人来村里烧、杀，这个村的不是很破坏。滏阳河以南特别严重。这个村是保护村，离曲周近的只是收点粮食，那时村里是一个村长，不好说村长是谁选的。当时村里不当亡国奴，抗战，明面是日本人村长，实际是为共产党办事，村里的共产党员很多，村里有村长与村委支书，不经共产党同意当不了。村里有个村长，不给共产党办事就枪毙了，汉奸少。

日本人穿黄军装，没见过穿白衣服的。日本人少，伪军多，有一小部分的日本人戴口罩，日本人住曲周城里，附近3里地的大言寨有了炮楼，咱们这没有，再往西5里有一个炮楼，楼里住伪军，灾荒年日本人经常来。

滏阳河发水后依然喝井水，喝凉水的有，多喝开水。喝了没有肚子疼的。日本人在村子的三五里没有放毒的，一二十里地都没有。

霍乱在民国32年前后都有，解放后还有。耩地时正干活就死了，没有一下子就有很多人死的情况。闹不清为什么叫霍乱，财神鬼把魂都带走了。可能是盲肠炎，不清楚是什么原因。村子里没有医生。枣树皮熬一下喝点，出点汗就没事了，有自己扎针的，懂一点的人叫来扎扎针，放点血，大部分为黑紫血。

民国31年就生了蚂蚱，民国32年春天成蝗灾，蚂蚱一来把天都遮住了，当时是从西北角过来的。

当时日本人在村里抓了劳动工人去曲周，大多数都买了回来，想当汉奸的，不抓自己就去了。哥哥去当八路军，当伪军给300金票，抓到日本当劳工的也有，回来后已去世了。八路军一个营长，以后叛变当了和团团长，不给日本人办事，被抓了起来去东北烧煤窑，跑了两次跑回来了。

史邱寨

采访时间： 2007年10月4日

采访地点： 鸡泽县曹庄乡史邱寨

采 访 人： 张文艳 王占奎

被采访人： 贺少文（男 84岁 属鼠）

贺少文

灾荒年种的是老碱地，村西头好点，种上不长，下了雨就种点，能种上就种上，种不上就算了，好多地直接荒着。种棉花很少，种高粱、谷子，春天种麦子。一亩地收得很少，一亩地150斤就算多的，有的就是不长。那时种的粮食多数不够吃的，那时家里人少的地少，家里人多的地多，粮食不够吃的，灾荒年逃荒要饭，到山西去的多，找活干。

找活年的时候，我才十八九岁，在家里没的吃，光够秋天吃的。民国32年有出去要饭的，有三分之二，有在这里要饭的，我下了东南，一两年才回来。推着小车去的，走一趟四五天。住外面，夏天也不冷，到那儿换粮食回来，到集上去卖，到文昌县，走一趟能换多少粮食就换多少，过春节也都不在家里，过年也有人去卖东西。在路上有时换点粮食，有时买点粮食，在路上吃。

民国32年春天一直没下雨，种不上粮食，后来种了一点，也不够吃的。后半年下雨了，但下得太大了，一连下了七八天，下的房倒屋塌的，地里水一米多深。

民国32年时先旱后涝，那时我20来岁，水很多，找地里高的地方住，上地里捞高粱穗，那时是秋天，才开始熟，能吃了。下雨的时候滏阳河没开口子，日本人还没走，民国34年才走的。村里有一半多去了山西，现在还没回来。我那时光下东南了。那时有普通病，都饿得走不动了，去买东西都走不了了。

那时还有霍乱，（肚子）胀得厉害，村里得的不少，得霍乱的都瘦得走不动，肚子疼。那时不知道是啥病，死了连埋都没人埋，家里都没人了，都出去了。我见过得霍乱的人，那时死了都不知道是啥病。我家里有母亲，三兄弟，奶奶和父亲。霍乱这个病传染，很厉害。

下东南的时候，有日本人在路上抢东西，回来时路过邱城，皇协军、日本人把吃的拿（走）。

那时就怕日本人扫荡，村子大，日本人来了村里，人不多，伪军在村里住了一晚上，日本人不敢在村里，在路上碰到日本人扫荡就没好事。那时推的是木头车，我推了好几年，过了灾荒年就从近点的地方推，那时日本人就不在了。解放后就不推了，回来做生意，卖牲口。

灾荒年生蝗虫，多得很，遍地都是，都成蝗虫了，村东一块高粱地，一人多高了，全是蝗虫，一个高粱秆上好几层蝗虫，被吃了，闹蚂蚱的时候正是拉辊的时候，那时还没下雨，地里都爬严了，蚂蚱是从北往南飞，拉辊都把蚂蚱压成饼了，闹了一个多月。后来也闹过，不过没这厉害，那时日本人还没走。

采访时间： 2007年10月4日

采访地点： 鸡泽县曹庄乡史邱寨

采 访 人： 张文艳　王占奎

被采访人： 刘兰香（女　86岁　属鸡）

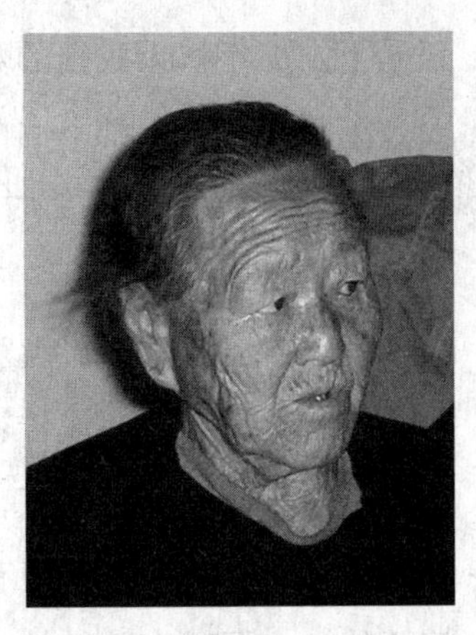
刘兰香

民国32年是灾荒年，地里不见粮食，又是淹又是旱，春天三四月旱，秋天又涝了。那年还闹蚂蚱，满天都是。

那时候有逃荒的，向东南区逃荒，我想走走不了。那时候有劫路的土匪，日本人还没来，不知道是什么时候来的。

那时候人都饿得不能动了，有病，又没有医生。

河开过口子，是六月十七开的，是解放后，解放前日本人还在的时候没有开过。我十六七岁的时候没开过口子。

采访时间： 2007年10月4日
采访地点： 鸡泽县曹庄乡史邱寨
采 访 人： 张文艳　王占奎
被采访人： 王吉林（男　86岁　属狗）

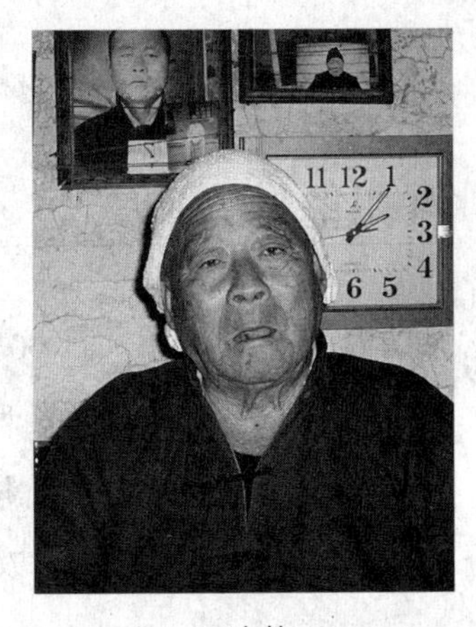

王吉林

日本人走的时候我二十多岁，我抗日战争时候当的兵，1942年，在东头打仗，属于河北省，离这儿100多里地。1943年挂彩受伤了，回家养伤，后方有医院，养好了又去了，八九月里回来的。1943年生活条件不好，年景不好，一亩地收二斗麦子。

那时我家里有5口人，5亩地，家里收的粮食不够吃的，我就当兵走了。那时候没井没河，下雨也不够用的。民国32年下了七八天，房子都漏了，地上没多少水，忘了是从什么时候开始下的了，忘了是几月份了，哩哩啦啦不断，下了七八天。下了雨淹了，不能种庄稼了，这儿又没河。

正是下雨那年秋天我挂的彩。

灾荒年村里人都下山西了，去逃荒，也有不走的。那时候政府给我发粮食，公家给粮食。那时日本人还在，是1938年来的（那年我16岁），1945年走的。我受伤后在村里养伤，后来我当村里的分队长，养好了伤就走了，待了没一年，解放了回来的。

灾荒年那会儿还没传染病，那会儿有痨病，村里没医生，病多了。霍乱我听说有，旧社会时有，日本人在这儿的时候不一定，也有，得了不久就死了，不好治，不知道有什么症状。村里没医生，找人扎扎就好了，这病不传染，那时有肺结核，肺结核传染。

这里闹过虫灾，厉害得很，就地滚，房檐上都是蚂蚱，除了棉花，啥都吃，粮食都被吃没了，连根都啃了，不能收了。不记得是哪一年了，那年我二十三四岁，那时我挂彩了，是春天闹的，都有谷穗了。还有蛆，有长的有短的，吃谷子。

西孔堡村

采访时间： 2007年9月30日

采访地点： 鸡泽县曹庄乡西孔堡村

采 访 人： 姚一村　李　琳　石兴政

被采访人： 薛书山（男　76岁　属猴）

薛书山

民国31年生蝗虫，日本人在这修炮楼，第二年就是民国32年。那年秋天也像这天（连续多日阴雨），七月下的，下了八天。（闹蝗虫时）高粱、芝麻啥的都光剩叶了，整点那个带芽的粮食，拿锅炒炒，吃那个，一肚子疼都死了，死的人多着哩。

谷子都秀出来了，一下子来了（蝗虫），遮满天了。都拿着竹竿子去地里打，不顶事。共产党就领导了五区、四区，俺这个村是四区，俩区并了人，在曹庄挖了沟，往里扫（蝗虫）。那也没治住，都吃光了。共产党领着打。上午不叫回来，中午往那送饭。后来 1945 年把曲周县五区给了俺鸡泽了。打蝗虫我亲自还去了。八路军一见老人叫大娘大爷，见年轻人叫同志，都动员去打蝗虫。

民国 31 年、32 年俺这轮了个大灾荒年。秋天蚂蚱吃了（粮食），到腊月，十二月二十一日本人来到俺这，把树都给锯光了，过了年在这修炮楼，净抓老百姓，把寨门掀了，小庙掀了，都往那拉砖，套上牛往那拉。农民住的房子不掀，光掀庙宇、寨门。那会儿村里都有寨门。有皇协军也有日本人。日本人少，皇协军多，净装那个日本人说话，都是咱这周边的人。

后来往柳林口炮楼修马路来。俺这一片正牌队伍就是黄营长，是八路军。区分队啦，九大队啦，一中队、二中队啦，那都是杂牌，属黄营长牌儿硬。姓黄，不知道叫啥名。我没当过兵，也没入党。15（岁）的时候想入的，日本（人）走了，三年内战时，写了申请了，没入成。

旱灾厉害，那会儿没井没河，就靠着下雨种地。解放以后领着都打上井。开口子是 1956 年。民国 32 年没受淹。

霍乱病有，曲周也有。一吃那个芽子粮食，说肚子疼。扎腿放血，那会儿说霍乱啦，救不及。吃这个粮食以后到九月。那个粮食有毒，得霍乱就是因为这个。一上来就肚子疼。用针扎腿上那个筋，放血。有治住的有治不住的。冒的是黑血。没见拉肚子人就毁了。有拉肚子的，有的就哕，上吐下泻止不住。霍乱不抽筋。见过病人。粮食出了芽有毒气，把人毒死。不传染。得病的不少。传染有的就是发疟子，冷得就是盖几床被子也发抖。

那会儿喝井里水。井口离地面 30 公分。民国 32 年下雨的时候水灌不到井里。井口都用砖弄起来。就是天上往里下，流是流不到（井里）。喝冷水多，喝热水少。没柴火。（井）不盖盖。

我没逃荒。西孔堡以前四百来口人，逃荒得有三五十个，都民国32年走的。一天死了11个，哪天不知道，就在八月底到九月，吃这个芽子粮食吃的。

八路军后来过来了，就教给那个歌："八月三十一，老天阴了天……"日本（人）走以后才唱的。先前有，不敢唱。这里有炮楼，那里有炮楼，逮住就把头给射了。日本人在鸡泽、曲周，遍地是日本人。

儿童团是八路军组织的。有儿童团、民兵。民兵都是成年人，儿童团净小孩，七八岁至十五六岁。（儿童团）正规。后来八年内战，放哨、查路，都叫这个儿童团干。你没有路条不叫你走。唱歌，搞宣传，念书。日本人在这儿时传信儿。日本人后来知道有儿童团，逮，逮住都杀了。日本人杀这个儿童团杀得可多了。俺这叫人逮走俩。我12（岁）入的儿童团，那会儿还没有灾荒咪。

那会儿日本人一来，开始到鸡泽，到俺这一个大坑，我那兄弟比我小6岁，给他糖吃，给小孩糖。猛一来了，要生水，要热水。第二回来到这就在寨门那开大会。家里有土枪、大刀、标枪，拉走一大车，不叫俺有这个。看庄子的标枪、大刀都弄走了。那会儿有土匪，看庄的就买枪，没地的就买手榴弹（防身）。本地就有人卖。那时日本（人）进了中国了，领导的就是全民皆兵，攻打日本，那都得有武器。那会儿还是两党协作，攻打日本。国民党、共产党，以后把日本（人）打走了，又是三年内战。

小贾寨

采访时间：2007年10月4日

采访地点：鸡泽县曹庄乡小贾寨

采 访 人：靳爱冬　张海丽　齐　飞

被采访人：李朝左（男　72岁　属鼠）

李朝左

灾荒年，家有妹妹6个、奶奶、父母，有四五亩地，打的粮不够吃的。灾荒年都快把人饿死了，都逃荒走了，逃荒的不少，我没逃荒，待在村子里，吃菜都不够吃的，草籽也不够吃的。原因，发大水淹了村子，南边滏阳河、漳河，下大雨，大堤都崩了，搞不清具体时间，就在灾荒年那几年，日本（人）、皇协军、和团都还在中国。

"塔四桥"崩的口子，反正崩得不少，没人挖，水大得撑不了。村里没淹，地被淹了。井没被淹，喝井里打的水，夏天喝凉水，冬天烧开喝。

大水后没有得病的。有饿死的。霍乱？还断喽，喝凉水多了，得此病不吐，肚子疼，腿抽筋，用针一扎放点黑血就好了。得霍乱的不多。蝗灾有，种点高粱，一捋就一把蚂蚱，很多，满天飞，能吃，可炒炒。

采访时间： 2007年10月4日

采访地点： 鸡泽县曹庄乡小贾寨

采 访 人： 靳爱冬　张海丽　齐　飞

被采访人： 王范氏（女　83岁　属狗）

王范氏

灾荒年我就在这个村里，那时我15岁，过得特别紧，都是老碱地，没记得年景怎么样。发过大水后村里有得病的。长疮就死了，有霍乱病，都死了。得病的喝姜汤，没有医生，有扎针，不太清楚，谁也不顾谁，有出去山西逃荒的，都回来了。

采访时间：2007 年 10 月 4 日
采访地点：鸡泽县曹庄乡小贾寨
采 访 人：靳爱冬　张海丽　齐　飞
被采访人：王子润（男　86 岁　属狗）

王子润

民国32年，我在日本监狱，当年当八路被捕。1941年参军，在冀南行署，冀南53个县、行政处。当过政务处的通讯员。从冀南回来在曲周收公粮，六月十九在曲周县被敌人逮住，在监狱里待了90多天，进去时玉米才一点点高，等回来时玉米已经能吃了。那年闰六月（后六月十九在监狱里）。

当时日本人已经来扫荡了，日本人还没来就（人）吓跑了，我不跑，想看看到底有没有，见着日本人骑大马，他们看到我带着枪，就知道是八路军，开枪就打，打门上，差点打到。一个门通两个大院，屋里有个窟窿，从里边看从这过去，逃跑了。民国32年在日本监狱，当年连下了七八天，当时在地里吃棒子，否则就死在地里了。当时地里水不少，是下雨下的。下雨后没有霍乱，长疥疮的多，天气过于潮湿。1932年河开过一次口子，离这里一里地，在滏阳河堤东。

日本监狱在曲周县里。晚上有臭虫咬人，把衣服都包上，落脸上、身上、手上都咬，监狱里出来身上长疮，出了监狱，日本人让干事，就在曲周干事，培养你出来给他送情报。

那年我就从曲周跑了出来，给报纸让看，宣传日本好，日本人给公安局说，要么在日本（人）那干，要么在公安局里。三个人里有两个是八路军，一个不是，于是不给日本人干了。岛二九六六部队（工程部队）给了一块钱冀票、一支钢笔，一出来就跑回了县政府，找公安局局长裴小东，他已经到专署公安局了。有一个在曲周的公安局，敌人封锁厉害，连买个煤油都买不上。

那时村里有霍乱，不多。蝗灾也不严重。日本人让一天吃两顿饭，饿得厉害。没有在这里放过毒气。

村里有抓劳动力的，都没回来，死在外面了，没吃的，吃糠菜，得浮肿的多，饿死的多。

杨曹庄

采访时间： 2007 年 9 月 30 日

采访地点： 鸡泽县曹庄乡杨曹庄

采 访 人： 张 伟 刘付庆生 吴开勇

被采访人： 张学众（男 82 岁 属虎）

路富兴（男 78 岁 属马）

我们两个人一直住在这村子里长大。没上过学，那时候家里穷。

灾荒年收成不好，天旱。伪军来征粮，来家里把粮食抢了。从春天开始旱，到七八月开始下雨。吃糠，吃野菜，什么都吃。饿死的人多，实在没东西吃了。有逃荒的，逃到陕西的多。我们没有去逃荒，出去的都没有回来。有几个人被日本人拉去东北了，当劳工了，没有回来。日本人抓了多少人不知道，自己把自己卖了，也有自己逃回来的。

张学众（左）、路富兴

来了几十个日本人。他们还来这里征兵。日本人没有抢东西，皇协军来抢。当皇协军的有的是自己去的，也有被抓去的。有土匪，不太多，定期交东西。

有人得霍乱，不知几个人。肚子痛，腿关节和臂关节自己跳，转筋。穷人只能扎针，没法治。有死了人，有人扎针好了。

蝗灾特厉害了！地里一片一片的，不到一顿饭时间就把地给吃光了。发洪水是在 1963 年了。

杨　村

采访时间：2007 年 5 月 5 日
采访地点：鸡泽县曹庄乡杨村
采 访 人：张文艳
被采访人：王香芝（女　78 岁　属马）

王香芝

我上过小学，上了一两年，不识字，民国 32 年就在这儿了。四月份就来这儿，那时候都没啥吃，民国 32 年下雨了，下了六天六夜，那时候日本人在这儿。民国 32 年下雨时不冷，忘记啥时候了。有歌唱“接二连三下了七八天”，但是不大，地上水不深。

民国 32 年天旱，旱到什么时候不知道。人都逃荒走了，人贩子都贩走了。都是饿死的，没听说过得病，都是浮肿病，都是饿的。没有得传染病的。

灾荒年有 200 多口人，灾荒年后四个村合并一块儿有 400 多口，没有得传染病的。

日本人在曲周，那时候叫杨村，归十九寨，以前归曲周管。

发洪水是 1963 年，解放前没有。

杨 茂

采访时间：2007 年 5 月 5 日
采访地点：鸡泽县曹庄乡杨村
采 访 人：张文艳
被采访人：杨 茂（男 87 岁 属鸡）

我民国 10 年生，上过两天小学。民国 31 年没种上啥，民国 32 年灾荒年，七月下的雨，下得不小，七月初七开始下，下了七八天。民国 32 年在杨村住的平房，困难着哩。民国 32 年下雨不小，没淹了，家里都空了，大人小孩都饿死了。民国 32 年春，逃荒，大部分没回来，都死到外头了，不知道死哪儿去了。

那时候哪有得霍乱的，都是饿死的，得霍乱是夏天，民国 32 年头里，肚子疼，在胳膊上扎一针就好了，得这个病要命的不多，扎扎就好了。

民国 33 年收了，民国 33 年秋后好庄稼。

采访时间：2007 年 5 月 4 日
采访地点：曲周县曲周镇西关
采 访 人：崔海伟 张国杰 袁海霞
被采访人：张杨氏（女 81 岁 属兔）

我没有上过学，不识字。娘家在鸡泽县杨村，22 岁嫁到西关。小时娘家有爷爷、奶奶、父母、姊妹四个。我是老大，还有两个妹妹，一个弟弟，父亲杨杰。嫁过来后，婆婆家里有爷爷、奶奶、公公、婆婆，还有两个兄弟。不知道家里有多少地，能吃饱。村里没有地主。

我第一次见日本鬼子是在娘家，他们穿黄色衣服，有枪有炮。鬼子啥都抢。村里有八路，但是不敢露面，也不知道有多少，晚上来了，白天又走了。也有皇协军，他们也抢老百姓。村里有土匪，抓十二三岁的小孩，在一个坑里，叫儿童团，小孩都是侯村的，杀了很多。八路跟皇协军打过，土匪后来都成了皇协军，有个土匪头叫小根山。郭企之是当时共产党的县长，南宫人，被日本人活埋了。

民国32年，当时我还在娘家，没东西吃，有逃荒的，也有饿死的。逃荒的有逃到河南的，有逃到山西的，我们家没有逃过荒，家里也没有饿死的。春天的时候，有虫灾，是大蝗灾，一抓就一把。我记得下了一场七天七夜的大雨，当时滏阳河在南桥口开了口子，传说是一个大王八拱开的。不知道淹了之后有生病的。

我听说过霍乱，抽搐，上吐下泻，我也得过，扎了几针，放放血就好了。也有死的。不知道是什么时候开始的，也不知道什么时候结束的。

尹曹庄

采访时间：2007年9月30日
采访地点：鸡泽县曹庄乡尹曹庄
采 访 人：张 伟 刘付庆生 吴开勇
被采访人：尹士生（男 76岁 属猴）

尹士生

我一直住在这村子里。没有上过学，上不起学。

民国32年后半年下了雨，有洪水，有半米多高，把东西都淹了。秋天收谷子时，庄稼还没有收好，给日本人打工的人还没有回来，河崩了，滏阳河，离南边3里地，河堤自己崩的，我也听别人这么说。

当时全村有几百人，有的逃荒去了，家里生活过不住，都饿死了。我没出去，我吃花籽、棉花籽、地菜。逃荒的有十分之三吧。逃荒到山西去了。在家一天吃一顿。饿死的有四五十个。东西都让日本人抢了。逃荒的回来有早的，有晚的，大多是五几年回来的。

日本人是1938年来的，当时我十几岁了。这村之前叫尹曹庄，日本人就在这村里住。有十来个，还有皇协军。他们过来就在那炮楼，后来皇协军在那里住。日本人穿黄的衣服。常来村里，东西都给你烧了，鸡狗都吃掉了。他们说话咱们听不懂。他们挖战壕，都骑着马，遛马。他们听不懂就打。见过日本的飞机，他们来炸城，不记得是啥时候的事情了。扔过炸弹，没看见，都是听见的。皇协军不少，都是本地人，是被抓去，叫你干活的，逼着你当兵。他们的头头叫什么拿不准，小根山吧。他们是日本人的狗腿子。日本人是1945年走的。

给日本人干活没有东西吃，有人被抓到日本去了，有人被抓去半路跑回来了，有3个人没有回来，光知道奶名，一个大圆，一个惠子，一个芋头。他们都是20多岁的时候就被抓去了，（如果活着）现在他们都80岁了。有土匪，老早就有，不知道是哪里的。

没有听说过有传染病。有蚂蚱，秋天的时候，高粱麦地很多蚂蚱。是下雨之后生的蚂蚱。飞得都看不见太阳了。东西都给吃光了。发洪水是在1963年了。

正言堡

采访时间：2007年10月4日

采访地点：鸡泽县曹庄乡正言堡

采 访 人：张文艳　王占奎　唐继良

被采访人：叶志文（男）

岳清湖（男　84岁　属虎）

抗战时候我在村里当过儿童团团长。民国32年是个灾荒年，在曲周连边县，伤亡人那挺多。那旱，一两年没下雨，都逃荒到邯郸。都没庄稼，野草一人多高。那会儿没井，一般井没水，各方面都挺艰苦。逃荒哩不少，大部分都饿死了，（到）山西打工吧，那山西人吧有个特点，再收得多，那存粮食，那有这个特点，生活要求得挺富裕。过了民国32年以后，稍好点啦，下了点雨，我记得雨也不是很大。

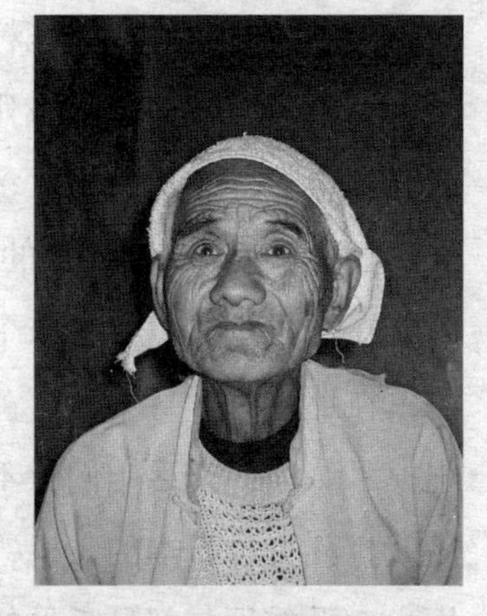
叶志文

下了七八天，那是哪一年，我记忆力太差，记不清多大呀，有十几岁吧。抗日战争，我给日本人打过工。破坏那个路，八路军夜里挖，日本人白天填，咱既刨过也填过，（日本人）给工资？给咱工资呀？还挨打哩，自己带饭，义务工，村里派。

岳清湖

后来下，是民国32年以后，过了一两年才收了点东西，一亩地呀就收二斗，一斗30斤，我们家有6亩来地，给人家种，有父亲有母亲。

当时传染病，日本（人）在会，得过皮肤病，那个疥疮，都不敢在家睡，潮，在地里睡，都治好了。刺痒哩很，不算传染病，不少不少，都好了。霍乱，有，很少，一般在天热时，痧子霍乱，传了有几个人，针灸，扎，扎也有效，那就是消化道的病，也是急性病，吐、泻，一吐一泻，不怎么传染，数量不大。霍乱就是这个肠胃病。那会儿啊，按那个道理推算叫急性肠胃炎，民国32年前后，有这个情况。

离滏阳河近了，说有十几里地。滏阳河，到雨季了非常害怕，看堤。民国32年以前涨了一次，平地水有一尺多高，我那会儿是捕鱼哩，到别的村打点醋。那会儿日本人没在，日本人在这时没记得开过口子。咱这地势还不是太浅，村东斜哩有十来里，一个河沟子通滏阳河，曹庄后边这个过来的。淹最狠的时候是日本人走了以后，（雨）下得挺大。俺村很多沙土疙瘩，群众都在那个沙土疙瘩上，沙土疙瘩相当高。日本（人）走了以后，那会我还在邯郸。1963 年一回，那是淹的最后一回，我回来带着破车带当救生圈。1958 年我调曲周哩。

过去闹过蝗虫，闹蝗虫也算是个灾荒年，开始在两边那挖坑挡住了。后来有翅膀，那个网一网一兜。吃蚂蚱的不少，不知道搁哪儿来的，也有本地生的，时间不长就吃光了，叶子就没了。十月份，庄稼长得差不多，叶一吃，庄稼也不多了。（水灾、虫灾）不多一年。旱灾在前，蝗虫，水灾。1963 年有一回，1963 年以前有一回。我记不清了，那会我七八岁，1963 年我 20 多岁。

（日本人、皇协军）他人少了不敢下村，咱就在那城根底下放哨。曲周的多，咱这属于曲周管，抗日前后归鸡泽。

风 正 乡

北风正村

采访时间： 2007 年 10 月 1 日

采访地点： 鸡泽县风正乡北风正村

采 访 人： 李 龙 李 斌 解加芬

被采访人： 董随芹（女 73 岁 属猪
娘家是北风正村）

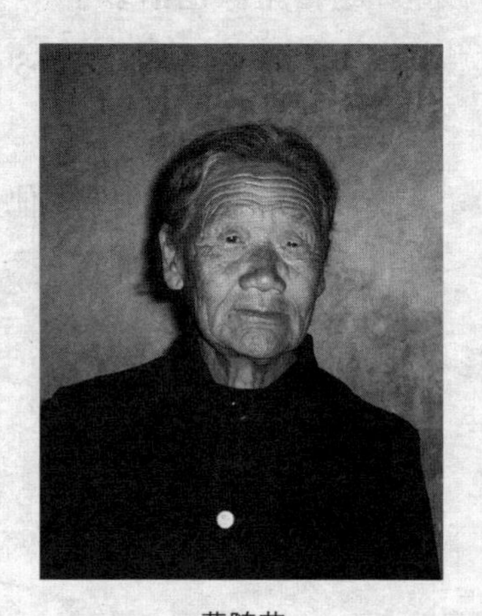

董随芹

我从小下山西，在家没法过，到山西平阳（或为原）府，在那住了七八年。到民国32 年六月回来的。回来吃啥啊？俺奶奶又死了，又没啥吃。都种萝卜，吃绿的萝卜缨子，还吃萝卜叶。上顿吃了，下顿还是它。以后这不就出去拽菜，俺姊妹好几个跟着俺娘。可难过了，俺都不能提那会儿，提那会儿俺都难过得没法儿。那老人都纺布，纺这 3 丈布给你 1 斗高粱，这才吃饭了。把那人饿的都，死的人多着呢那会儿，都饿死的。

民国 32 年那年天气不好。咱这没有井。人谁有井谁能吃饭，咱没井，咱不能吃饭。人可以了，咱可以使人家的井；人不可以了，人能让咱使人家的井吗？那会儿有好过的，有穷的。你像俺家这样的，逃荒逃出去又逃回来的，家里有啥啊？是不是？

民国32年，给你唱这个歌："民国32年，灾荒真可怜，昼夜不停下了七八天。"下了七天七夜。下得屋里挡个布。漏得没法儿，你不挡个布它就流家里了。挡个布它就顺着流到洼地里。咱就在底下坐着。你说吃啥啊？饿得俺那会儿啊。街上倒没有水，就是下雨下得狠了。饿死俺两个姊妹。那是过了民国32年，俺姊妹两个饿死了，都好几岁了。

在山西住了8年。家里顾不住人了，没法吃，又没地方住，你不走啊？跟着俺娘，领着我跟俺一个弟弟，到山西，过了七八年。等回来了，还是没啥吃。在山西那给人纺花，俺娘给人家当奶母，给人奶孩子，俺爹在家看着我。在那住了七八年，回来了，也没啥吃。民国32年回来了，正好又过灾荒年。可难过了。萝卜缨子还是好的，吃野菜。

（河）开口子那会儿我还小，不记事。我听俺娘说那就是七月里走了，来山西。俺娘说俺有命了出去了，在家不饿死咋的？反正听俺娘说，往山西走那会儿我就两岁了。民国32年咱这没有河开口子。

民国32年死的人多着了，都饿死的。浮肿，吃得太不好了。生小孩怀孕的妇女死的多着呢。把小孩生下来以后没啥吃，就死了。光俺风正乡就八九十来个。咱这没霍乱病。光听人家说："来霍乱了，来霍乱了"，霍乱是什么咱不知道。没见过霍乱病。不知道哪块有人得霍乱。

采访时间：2007年10月1日

采访地点：鸡泽县风正乡北风正村

采 访 人：李　龙　李　斌　解加芬

被采访人：韩东信（女　71岁　属猴）

我没上过学。民国32年灾荒年，我们姊妹八个，家里穷，野菜都没见，都没有了，没得吃。我没逃荒，在村里要饭。

民国32年种的麦子都没收，种了，都不能动了，不是没有收成，春天的时候还可以。过了五月就不知道了。我还有一个奶奶，爹娘，姊妹几个。灾荒年的时候我不记得淹没淹过。

日本人来过，俺房后住着。那时候家小。日本人来了没好事，日本人走的时候我才七八岁，不清楚。灾荒年的事记不清了，家里人也没跟我说过。有过霍乱，但不清楚。我娘家是北方塔。

采访时间： 2007年10月1日
采访地点： 鸡泽县风正乡北风正村
采 访 人： 李 龙 李 斌 解加芬
被采访人： 韩荣芹（女 71岁 属牛 娘家北双塔城关公社）

韩荣芹

那时候我家穷，灾荒年什么都没得吃，要饭，在本村要饭。姐妹饿得不能动。姐妹8个，有个奶奶。扛长活，只知道自己的事儿，别家的不清楚。对日本鬼子很糊涂，日本鬼子住在家后面，日本人来时才生人，日本人走时才七八岁，没见过什么，都不记得了。不记得哪年发水。有病，但记不清。不知道霍乱，但听说过。

采访时间： 2007年10月1日
采访地点： 鸡泽县风正乡北风正村
采 访 人： 李 龙 李 斌 解加芬
被采访人： 廖书章（男 80岁 属龙）

那时鬼子来了转头就跑，（鬼子）进了村点火，把房子都给你点了，看家里没人把房给你点着了，抢粮。皇协军比日本人还赖，日本人住县城里，不敢来农村，在农村八路军还打他了。八路军黑夜就过来了，白天不敢行动。

那会儿生活也不好，地里收好了，就丰富点；收不好，就受点罪。土地改革的时候俺村一个人 5 亩地。

廖书章

灾荒年饿死的人多着了。俺这个村刚沾个边，东边一个村不比一个村，东边都是旱地，越往东死的人越多。东边逃荒的多着了，都下山西走了，在家没法活，孩子老婆推着小车上山西走了。西边的山里边，人家那都有东西吃。这个村反正没吃的多，有吃的的没几家，就那财主有几家，人哪有吃的，一般的都没啥吃。我家也没啥吃，平常吃糠、秕子，掺点粮食，吞了饿不死。这个村逃荒的有，少。东边（的村）多。这个村反正比东边的村强点。

民国 32 年就是下那几天雨。有唱的那个歌，都是七月几日下的，“老天阴了天，接接连连下了七八天”。下了七天七夜没停。不能整点东西吃，到地里吃，七月里下，地里高粱都熟了，半熟，还不到很熟。谷子也都熟了。（下雨）下得谷子在地里都生了芽了。地湿，有割了谷子的，在那摊着的，下了几天不能整，都生了芽了。下了七八天不见太阳啊，有谷子在穗上就生了芽了。那是民国 32 年那一年。主要是日本人抢东西。下雨的时候黑天白夜不停地下，把这个房子都下漏了，瓦房也都浸透了。不能住，找那个不漏的地方住。睡觉都找那个不大漏的地方睡。有那样的邻家不漏，有那好点的房不漏，老房都漏。

民国 32 年咱没记得有人得病，就是饿死的人多。主要是饿的得病，没旁的传染病，就是吃不饱，睡着那个人就死了。人吃不饱，睡了，再人一瘦，他就死了，几天没见就死了。有那生小孩的，家里没啥吃，大人小孩都死了。

民国 32 年在部队上，在西边永年，离这不远。灾荒年的事都知道，这又不是小事。东边的村都没大有人了，有死了的有逃出去的。那大人都死了，走在路上不能动了，他妈都死了，孩子还在他娘身上趴着吃奶奶啦。下雨以前就有逃荒的，下雨以前天旱，安不上苗，东边村的都开始逃了。俺这边还有个井，有几亩地不是？还能浇浇。要没那个井，就不能浇。下雨之后过了年，有饿死的人啦，到了五月，地里收粮了，就有啥吃了。第二年麦子熟了，有人吃得撑死了。民国32年那几年（河里）没发水，都是下雨下的。

东边那些村贯庄、驸马寨、库庄、陈庄，那儿的村饿死的人都很多。他们那一亩地不能浇。到俺这有井，有井的没几户，浇浇安个苗，就能少收点。那会儿大部分都没井，打不起，没条件。砖砌的井，人掏到两丈多深，都是两丈五尺深，就上来水了，一天能浇一亩地。那个井的水一天只能浇一亩地。

有的井够浇了，有的井不够浇就锥，拿那个铁锥子向下锥。锥到那个沙层上边，那个沙层上边都有水，俺这的井都是锥个五丈来深，在那个井底下再往下锥个五丈来深，把那个竹筒子下到井底里，竹筒子下到里边了，一掬水就哗啦哗啦上来了，就浇（地）。那个井人打的是两丈五深，再往下锥它个四五丈深水才上来。那时都是自己打井，找多少人帮忙，管饭。那是解放以后了。

日本人在咱这抓劳工的多着了，到日本国当劳工的到现在还没回来的多着了。哪个村都有。俺哥哥家那个孩子抓到日本国到现在还没回来，叫廖虎兴（音），南边那个村有好几个人，就是中风正那个村。被抓到日本国，有的（劳工）没抓到日本国就死了，坐船，吃高粱米，人吃那个都水土不服，生病，有那没走到日本国就死了。俺这有到那又回来的，东边一个村里有一个，不在了，比我大，都死了。前边那街上有俩打日本国回来的，都死了，他们都比我大。日本战败他们才回来的。中风正那个（劳工）叫金元子，姓殿。还有个小名叫“老头子”，官名咱不知叫什么，20多岁的时候给抓去了，年轻着嘞，四五十岁的也抓。

（日本人）跟村里要兵。光要年轻的，给日本人当小兵。在家日本

（人）光欺负咱，逮住了就打。飞机多着呢，来一次十来架，来一次十来架，光打这过，没扔东西。

采访时间： 2007 年 10 月 1 日
采访地点： 鸡泽县风正乡北风正村
采 访 人： 李 龙 李 斌 解加芬
被采访人： 廖英魁（男 75 岁 属鸡）

廖英魁

民国 32 年那年我十来岁吧，都没啥吃，都饿毁了。那二年生蚂蚱，生蝗虫，那家伙都盖着天了，把地都吃光了。天再旱，地里都草籽不收一条，饿死的人多着哩，在山西走的人也多着哩。

那年旱了多长时间闹不准，反正连阴 40 多天，下雨，那年连旱带阴，连下 40 多天。过了五月吧（开始下雨），记不清，咱那时小嘛，才十来岁，也不去地里。

咱这饿死的人还少，到贯庄那一溜儿饿死的人多。民国 31 年、32 年，反正就那两年，霍乱病死的人不少。我爷爷、我一个兄弟得那个病死的。上吐下泻，那会儿医学不发展（达），是吧？按现在来说应该是急性肠胃炎。抽筋，转筋霍乱，那时候都说是转筋霍乱。那时候都是土医生，有时候扎好了，有时候扎不好就死了。（爷爷和兄弟）都扎了，没扎住。那个上来快着了，有 5 个钟头就死了，那时不能输液。俺爷爷半夜上来病，到早上一看不能动了，人不中了。也是夏天里得那病，过了五月了。我也上来那个病了，俺弟兄三个都上来那个病，俺哥、俺二兄弟叫人治好了，三兄弟没治好。我上这个病可能轻，一上来就是吐泻。弟兄三个一天一齐上来的，半夜上来的。我爷爷早点还是晚点我闹不清了，反正前后没隔几天。俺村里有一个老头，叫廖书彬（音），给你扎针，腿上那个筋脉，他就拿那个针，大三棱子的针，一扎放放血就好了。有那病得严重的，那血管就不出血，轻的一扎那血就出来，黑紫血。我放的血还红点，我那时候稍微轻点，（我兄弟）黑紫血。给我扎的腿弯，胳膊弯，挑舌头，在舌头下面扎。村里得（霍乱）的不少。成天下雨，得病的不少。哪个村里也有（霍乱）。俺爷爷是转筋霍乱，俺三兄弟也是转筋霍乱，我跟俺二兄弟可能是发疾。那（扎针的）老头说是霍乱和发疾，霍乱比这个发疾厉害。

西边那个河经常开口子，原先叫牛尾河。滏阳河咱闹不清。

民国32年咱村也有逃荒出去的，多不多咱也记不清。俺街上东强（音）他娘、在××住着的那个王志（音）他娘都是在山西住过的。俺家没人出去。吃糠菜、秕子，有吃麻糁的（棉花籽打了油后剩下的花籽皮的饼）。一来庄稼没种上，二来蝗虫吃的也不轻，都叫蝗虫吃了。蝗虫在天上飞，都成黄天了。（闹蝗虫）是民国31年不是？我也记不清了。过了五月闹的。

廖 庄

采访时间： 2007年10月1日

采访地点： 鸡泽县风正乡廖庄

采 访 人： 张文艳　王占奎　唐继良

被采访人： 张中娥（女　77岁　属羊）

张中娥

我娘家是风正的，姓张。12岁就没娘了，有后娘。大娘管，大爷不管。在舅舅家住了几年。

我父亲种地，日本人来了就跑地里，还回来，我不跑，他们日本人来抢粮食，我们就往地里跑，我小不知道跑。大村人都向小村跑。日本人抢完都走，都是皇协军抢，日本（人）不抢，也不在这住。从南门出来。粮食藏起来也没用，能找到。（日本人）抓人后看手，没茧子就抓走。有就是受苦，没有就是八路军。看你不顺眼就说你是八路军，就崩了。村里没杀人，就是搜八路军。我见过日本飞机。

我们这儿好多土匪，有大烟鬼，大烟不知在哪买，村里就有种的。我见过抽大烟的，抽了之后就脸是黄的。我舅就抽大烟，大烟是白面。解放后才有儿童团。

采访时间：2007年10月1日

采访地点：鸡泽县风正乡廖庄

采 访 人：张文艳　王占奎　唐继良

被采访人：赵新起（男　73岁　属猪）

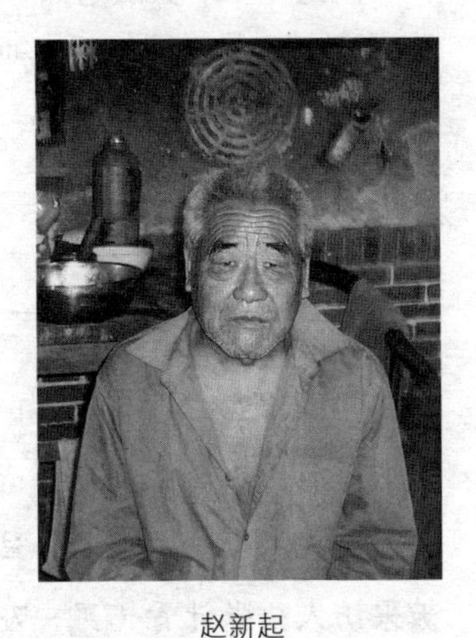

赵新起

我小时候弟兄四个，老二死了。父母在家就是种地。

日本人在时我10岁，日本人来搜索，还有皇协军，要钱，是皇协军，他们抓人，绑票，要钱。（日本人）就穿军装，穿黄衣服，没穿白大褂。他们吃饭回城，不在这儿，都回城或回炮楼。日本人不打小孩，皇协军打。儿童团练操，儿童团归八路管，带着他们练操。我见过日本飞机，就一次，有三四个。那时有土匪，抢东西。

灾荒年那时我五六岁，我父亲是木匠，帮人干活。因为当时旱，一年都不下雨，地里没收成。第二年才有麦子。耩麦子时下的。下雨下了40天，断断续续，就这个季节。当时也就十来岁。饿死人多，逃难去山西，那里没旱灾，出去是去要饭了。之前70来户。我没出去，那时候小。我大爷出去了，我大哥当兵去了，一解放又回来了，哥哥去当八路军。当时吃糠，我也有一个兄弟饿死了。村里就有八路，住了七八天。灾荒年的病忘了，当时没郎中，富农也没有。就在家里窝着。没有别的病。

病了有跳大神的，人家啥也不要，一个村的。有肚子疼的，叫痧子，胳膊上扎扎好。人家说的，当时我小，听说过霍乱。那个病好治，就是急，霍乱较急。

灾荒年没救济。

闹过蝗灾，我还小，人家说的，不知道哪一年了，到处都是，从不会飞的到会飞的都有，井里没水，把捉住的蚂蚱倒井里了，没人吃蚂蚱。雨下得不大，是之后下的。

闹过水灾，从西边过来，是牛尾河，从山上过来的。地面上没积水，井水好（可以）吃。滏阳河没听说过发过水。坛子桥冲毁过，那时候十几岁了。

南风正村

采访时间： 2007年10月1日

采访地点： 鸡泽县风正乡南风正村

采 访 人： 李 龙 李 斌 解加芬

被采访人： 张计青（男 78岁 属马）

张计青

我过了灾荒年出去了。吃又没啥吃，野菜也没得吃，就出去当兵了。家里也不知道，要是真的打死了，死了也就死了，家里也不知道。（灾荒年）死的人多着呢，都饿死了。没收成，天上没下雨，那是民国32年。也没水，也没井。那会儿咱这还没有八路军。下雨，下了八天八夜，房漏。那会儿小，不记得几月份下的。谁不知道啊，“民国32年，灾荒真可怜，接接连连下了七八天”。地里那个苗都长这高了，没根，没水不长根。没井，都饿死了。下完雨以后，过了民国32年，我走了。那会儿啊，谁也不顾谁了。爹娘也不顾了，各顾各。没有得病的。民国 32 年也没有上水。逃荒的时候，我和俺母亲往邢台逃了，到北边这个德（音）庄，那个村叫元村（音），到那以后严寒，头蒙，我说俺娘咱别往那走了，咱回去吧。从那回来了，回来以后又当的兵。（逃荒的）都往山西走了。章银家，俺前家，死了三四口。王新柱（音）他家都死了，一个人也没剩。就是饿死的，没有上吐下泻，没有抽筋。死了就死了，没大夫治，没人管，那会儿八路军还没来。

这个村还有炮楼。日本人好吃鸡，把老百姓的鸡都逮住了。逮住一个我背一个，逮住一个我背一个。我给日本人背过鸡。逮满了，背不动了，就送伙房里去了。日本人在村里住着了，在这修炮楼了。（日本人）占了鸡泽以后，不当（皇协军）不行。把中国人都抓到日本国里，掏煤窑。咱村有一个，小名叫二破子，抓到日本国了。

灾荒年天气旱，老天不来雨，没机井，把苗都旱死了，把苗都饿死了，这是民国 32 年。旱了有三四个月吧。苗安上了，长不了这么高（膝盖这么高），谷子，独根，刮南风往北倒；刮北风往南倒。过了以后，下雨了啦。连着下了七八天了。房也漏，哪儿也漏。秋天里下的雨，我那会儿小，是不是，谷子苗长这么高了（用手比画膝盖）。几月份闹不清了。（下雨那时）穿的也就是老粗布衣。（雨下得）大，大得很。那房都下倒啦。也没啥吃，也没啥烧，还没八路军了，也没人管，也没人救济。人死了，就拿着门板抬着就埋了。这村里死的人还少，死的有四五六个。一来西边死的人多，都不隔门，永年死的人多。永年就在这西边，离这 30 里地。咱这村里死的没几个，有五六个吧，王新柱（音）全家没了。他爹、他娘、他的闺女。他的闺女让人贩子整到太原了。你能让她都饿死啊，都是顾命，是不是？谁也不顾谁，那会儿，就那树叶，都吃光了，没一点啦。那河草，啥也吃。要不我能 14 岁就出去当兵啊？都是秋天里饿死的，下雨以前就饿死了。得病的有，那就多了。那个小片子（音）家 10 天就死了 3 个。得那个霍乱病，没医生。咱那会儿也小，人告诉说是霍乱病，咱也闹不清。那就是睁不开眼，就是吐，那是感冒。拉肚子不拉肚子的，咱那会儿也小，光听人家说是霍乱。（他们生病的时候）没瞧过他们，家里都害怕，谁去瞧他们，怕传染。（他们）下雨以前得的病。下雨以后没有人得病了，有也很稀少。没大夫，谁给你扎针啊？也没有扎针放血的。

有逃荒的，咱村里逃的不多。就是民国32年，这个人（王秀礼）在城里养老院住着，他那年逃荒。他回来了，他妹妹没回来，在山西洪洞娶了，他爹也死了，娘也死了。都是秋天里往外走，下雨以前。

可没开口子了！牛尾河，河也小，一涨水就开口子了。不是民国32年那年。开过好几回，我都记不清了。西边这个河（注：可能是指在原牛尾河河道的基础上重修的河。鸡泽县老地图上的牛尾河和现在地图上的留垒河河道几乎重合），是毛主席，这才又修的这个河。这个河宽，丈把深。（牛尾河）跟咱这紧挨着，没了，平了。

（炮楼）就在这个西南方向，离这有8里路。

这个村武小择（音）他爹，1945年日本投了降，他把咱中国人都放了。现在死了，孩子在。还有其他被抓的（劳工），抓了是不少，都放了。这个村有个外甥在城里，是皇协军大队长，一听说这个村抓了不少，大队长跟日本人说说，把人都放了，就放的这一个村的人，别的村都没放，他（大队长）老娘家是这个村的，别的村的就不管了。只要你家里有人就抓走了。

采访时间：2007年10月1日
采访地点：鸡泽县风正乡南风正村
采 访 人：李 龙 李 斌 解加芬
被采访人：张穆氏（女）

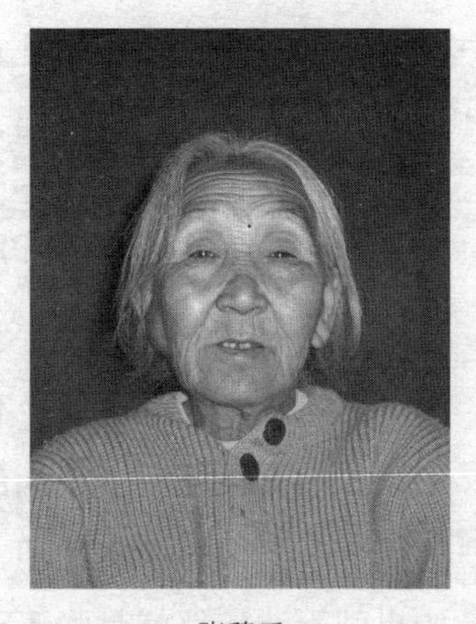
张穆氏

我叫穆雀子。灾荒年饿死的多，我那时七八岁了，知道。咱本村饿死的也不少，饿死多少人我不知道，反正饿死的不少。那病，都是没吃的才生病。有那样冻着了，没啥吃就饿死了。反正就在秋后（得病）。

（下雨）下得都顶着席。房塌，都不敢在房里，都上院里，顶着席，在院里住。天气还能不冷了，人都受老了罪。就在秋天这会儿（下雨），下雨挨着饿哩。下那个雨可大了，老日来了，撵的朝西边跑，老日走了，又跑回家。又来家跑，下那个雨哗啦哗啦都不能走。老日来了，就朝西边高粱地跑，在高粱地里躲着。可不是，下雨（日本人）又来了，来撵了，满场跑，到西边高粱地里。这有炮楼，（日本人）来炮楼这。他（日本人）就来了，俺妈就朝西边跑。戴着钢盔，穿着黄衣服就来了。（高粱地）有水也得去呀，不去，你在家逮住啦，打你，把你拐走了。高粱啊那时候刚晒红米，还没结高粱籽了。地里的水有脚脖高，就在地里走。

反正一过灾荒年饿死的人不少，下雨前还是下雨后（饿死的）我也不知道，那会儿才六七岁。那会儿饿的还能没病呀？不知道得啥病。反正饿得没几天就死了。得啥病的也有。不知道得啥病都是，是霍乱的病，谁知道（得病的人）是什么样的？那时谁都不顾谁了，得了病自家就埋了，死的人多着呢。上边下着雨，下边淌着水，吐，连吐带泻。我见过。小枝子（音）她娘那会儿就死了，小枝子她娘就是上唠下泻死啦。多着了，那会儿得霍乱病的多着了。没先生，就是有个先生也治不起。没扎针的，没那个人，都跑出去了。还有谁得霍乱再不知道了。

采访时间： 2007年10月1日
采访地点： 鸡泽县风正乡南风正村
采 访 人： 李　龙　李　斌　解加芬
被采访人： 张运东（男　86岁　属狗）

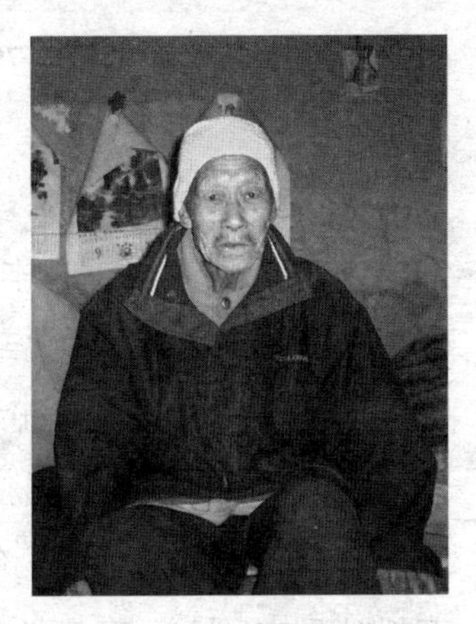
张运东

民国32年我在南边住着呢，我是挪到这边的。那年淹了，我挪这了。下雨下得大，房都倒光了，房子也不好，土房。过了五月，六月份下的雨，下的大着了，七天七夜。民国32年那年又旱又淹。也在六月下雨，下雨的时候地里啥庄稼也有，都淹光了。秋粮，高粱、谷子、花，淹的秋粮。都没熟，就毁了，没结实。

先旱后淹，吃啥？没吃的。饿死的人多着呢。这场儿还少，到东边就太多了。咱这还少点儿，那儿死的人太多了，都逃走了，有逃荒走了的，有在家饿死的。（逃荒的）有来这走的，没啥吃，来了要饭，又走了。咱村有逃荒的，有几家，不多。有挨饿的。都出去找个活，去干件。

那灾荒饿的，生病的能没有啊？饿得虚肿，脸肿了。没记得有霍乱病。饿得人都东倒西歪的。

（河）开好几个口子。西边这个牛尾河，河口子挪到西边了，以前挨着咱村了，开了好几个口子，民国32年那年，北边开一个口子，南边开一个口子，一共开两个口子。

亭自头

采访时间： 2007年10月1日

采访地点： 鸡泽县风正乡亭自头

采 访 人： 张文艳　王占奎　唐继良

被采访人： 刘藏珍（男　79岁　属蛇）

刘藏珍

我一直住在这个村，没上过学。民国32年灾荒。我8岁，日本人进鸡泽，他们烧杀淫掠。我八九岁时父亲去世，我就是个孤儿。他们（日本人）啥也要，牛啊，都抢。我十几岁时日本人猖狂。日本人穿黄军装，没穿白衣服。皇协军有抢东西的。日本人抓人修炮楼，风正有炮楼，有抓到日本的人，有个姓王的人。有轰炸机，乱轰炸，北风正有人被炸死。日本人给小孩发饼干。日本人不吃中国人的东西。灾荒年时我 12 岁，闹灾荒是因为不下雨。阴历六月下的雨，下了七八天。庄稼都淹了。把村子都淹了。老百姓没怎么淹着。地上的水没多少。都淌到河里了。庄稼也淹了。还有蝗虫，七月份来的。河决口了，但不大。人出去逃荒了。我们村还剩一部分人。

有熬盐的，大盐是海水做的，小盐这儿有做的。灾荒年有得霍乱病的。传染，连病带饿就死了。没西药，（那时人）不知道什么叫霍乱。见过得霍乱的。

蚂蚱都往西走，从邢台过来，都飞起来，那么高，哗哗就下来了，蚂蚱吃我们的庄稼。人饿着，有跑到邢台的。那时候蚂蚱也没东西吃。饿得就剩皮了。

那时有抽大烟的，鸦片战争留下的烟膏子，灰灰的。到日本（人）这时就成白面了，高级了。朝鲜（人）是专门弄这个的，当时贩毒面儿的是朝鲜（人）。从日本弄来的。烟瘾上来就不得了了。

采访时间： 2007 年 10 月 4 日

采访地点： 鸡泽县鸡泽镇北关桥光荣院

采 访 人： 李　龙　刘付庆生　解加芬

被采访人： 王春兴（男　81 岁　属兔）

民国 32 年我住在亭自头，下了七八天雨，得病，没医院，没人治，雨大，水大，潮气重。得病，那时就说感冒了。没吃的，没喝的，有编的歌“民国 32 年……”

采访时间： 2007 年 10 月 1 日

采访地点： 鸡泽县风正乡亭自头

采 访 人： 张文艳　王占奎　唐继良
被采访人： 王录平（男　84岁　属鼠）

王录平

我一直在村里住，没有念过书，在家种地，当过民兵，是老党员，现在党员证丢了。灾荒年很困难，吃菜、树叶、花籽、野菜、糠，都没有东西吃。民国32年，灾荒年真可怜。

采访时间： 2007年10月1日
采访地点： 鸡泽县风正乡亭自头
采 访 人： 张文艳　王占奎　唐继良
被采访人： 王文忠（男　78岁　属马）

王文忠

灾荒年到，叶管营，村长的儿子，是老二，有贴"欢迎大日本"条幅。日本（人）进中原，俺大哥当过兵。

可是英国人，修洋堂，说中国人不用打就投降了，然后日本（人）就进中国了。第一次，没进来，国共合作（抗日）。

日本人修炮楼、修城，在东面，抓劳工，修炮楼。假日本人抢砸，要兵打井，给你麦子，或炭。抓人，让掏钱买。训练，让他们去把四句口炮楼。

见过日本飞机，飞机朝远处送吃的向城里扔，有两个小飞机保护一个大飞机，二十九军退却，从北面过来，上面飞机轰炸，日本（人）打仗。

灾荒年住在舅（老党员）家，民国32年，灾荒真可怜，家家户户没吃喝，灾荒是大自然。牛尾河、滏阳河都不长东西，只能逃荒到此，只长芦苇，天特别旱。有水灾，生蚂蚱，吃光了草，五月份除了旱就是涝，这村是个边。发水是雨水淹的，滏阳河的水来自明山，该那里碱，浇苗苗死，水是河里的，牛尾河决口最多，修个关公庙。

人很难过，十家有九家没人了，要么死了，要么就逃到山西了，平阳府，把孩子放那里啦。第二年好丰收，庄稼长得特别好，因为水在这里好长时间，水是从南边过来的，水里鱼特别多，庄稼都被淹了。河沿不顶事了，全部都是水，大约是民国 32 年秋，下雨是七八天。医生很少，人死拉肚子，温度高，孩子不到五岁不算孩子，有十九二十个家里没有孩子，那时来病特别多，霍乱病，发病特别快，用针扎就把病治好了。医生叫刘发财，霍乱生痰无法救，人得病特别多。发哕子，冷，然后烧，到处跑。

蚂蚱过就絮成大团，然后过来东西都吃光了。

滏阳河水不断，距此向东十几米，滏阳河水很大，死了很多人，由于公社没有领导好，把领导全部撤了。

杨　庄

采访时间： 2007 年 10 月 1 日

采访地点： 鸡泽县风正乡杨庄

采 访 人： 张文艳　王占奎　唐继良

被采访人： 杨银河（男　83 岁　属虎）

杨银河

我一直住在杨庄，九月初九炸鸡泽，那时日本（人）还没进来。日本（人）进中国我才七八岁。皇协军抢东西。我见过日本人。四几年我去抬担架，当时打崔城。没见过日本人穿白大褂。他们来了，我们都藏。那会儿有八路还有民兵，给他们找粮食。他们要粮食，不给就抢。庄主给他们送过去。我见过八路军打日本（人）。我去修过桥。日本人有重机枪。有土匪，利用他们打日本人。见过日本飞机，就以前的老飞机。飞机过来了，中央军打日本飞机。

灾荒年是民国32年，当时都饿死的，五毛钱一斤红萝卜。灾荒年曾在七八月下雨，之前旱得厉害。俺这没有井。

下完雨水也不大，老人饿死了。（有人）上山里去了，（有人）去河南东北黑龙江了，灾荒年没有传染病。霍乱只听过。

蝗虫是从山东那边过来的。当时村里都打蚂蚱。日本（人）走了，灾荒之后就好了，听见蚂蚱也飞到西边去了，日本人不在了。

我们这没河。滏阳河离这5里地。日本人在时没闹过（水灾）。当时水不大，水是从永年河过来的。

我17岁到18岁时有白粉。这有人种大烟的，山区。小国家就靠这个了。白面从大城市倒来的，商人干的。日本人有管的，他们不抽。

中风正村

采访时间： 2007年10月1日

采访地点： 鸡泽县风正乡北风正村

采 访 人： 李 龙 李 斌 解加芬

被采访人： 廖田氏（女 82岁 属虎）

廖田氏

（我）娘家是中风正，嫁过来（北风正）是17岁。小时候可难着了。俺姊妹9个，属我大了。也是没啥吃，俺这穷得很。5个兄弟，2个妹子，（我）17岁就娶了，到这，北风正。

小时候穷着咧，你想灾荒年俺这姐妹没饿死的，还不赖咧。别说那个困难了，说那个就要哭了，可困难了。俺家人多，吃不上饭，高粱窝子也没有。饿了啊，没法，俺3个闺女，这5口子人数我最大，饿了7天了，起不来。年轻人，在前街上就走不动，愣饿死3个。别说了，一说愣难过了。都饿死了，那时候生个小孩也就饿死了。没有（得病死的），都是饿死的。俺那是中风正，俺婆家是北风正，都一个村。

采访时间：2007年10月1日
采访地点：鸡泽县风正乡中风正村
采 访 人：李　龙　李　斌　解加芬
被采访人：田会民（男　81岁　属兔）

田会民

我1927年生，民国32年都15岁了，那时候上（学）校了。那会儿乱着了，公家没（学）校，村里自己办的。我记得第二年还是第三年就成立抗日……共产党就过来了，地方上就有了组织了，村里就有了支部了，村里就成立了儿童团，我在儿童团里当团长。儿童团就是站岗放哨，主要是小孩，瞅瞅情报。那个时候这个地方离鸡泽要远一点，它是个根据地。

（日本人）我见过好几次。刚一来咱们这还没建立抗日政权，八路军还是秘密的，他（日本人）刚一来时（我）不跑，后来跑。后来抗日政权建立起来，这是根据地了，日本人一来就跑。咱这有武装了，不给他出粮出税，他来要粮要税，来了就是扫荡，来了就是杀人点火，烧房子。有村长（收粮收税）。后来组织起来了，就不给他了。村长是日本人的村长，后来叫共产党给枪毙了。那是保长，那时实行保甲制，他供应日本人，日本人要东西，他帮忙，争取没争取过来，枪毙了。他是个保长。民国33年，1943年吧。后来这成根据地了。那时我十六七（岁）。共产党就公开了，表面上还保密，村里实际上都知道。（日本人）来了老百姓就跑，有部队掩护着。

村里为了抗日编了一个地道，就我这家里也有地道。全村都通。日本人来了，跑不及了就钻地道，那地道挺好的。现在年月多了，都没了。那地道是先挖一个井，圆井，挖完了来一边通，来一边通了以后再错开。他（日本人）要给你打，要拿水给你灌。这样一个井，再错一边，再挖一个地道，你就进了这个地道，咱跑这个地道，在那头有路，都挡住了他放的那个烟气，那（烟气）在这都放过。就跟那个地道战一模一样，我下过好几回地道。（日本人）不敢下地道追，来放水，放煤气，上面有通气的地方，一看哪儿有气，（日本人）扑哧扑哧都过来了，来了拿土一埋，又到另一个地方了。我钻过三次。八路军组织群众挖的。村里面临界没了门了，都堵住了，修的那个墙，他（日本人）打那个枪啊就不能顺着街打，都组织好多抗日工作了。

没见过他（日本人）杀人。那会儿我有一个哥哥没跑及，叫日本人逮住了，打毁了，没打死。是我一个本家的哥哥，叫田大彬。逮住了问他八路军在哪儿，他说我不知道，不知道就打，没打死最后。

那会儿还逮住两三个人到日本，当劳工了。头一次逮住3个，第二次逮住4个，说他是共产党八路军，把他给带走了，后面头回逮住三个死了俩，后来才知道死了，当时谁知道，不知道（他们是怎么死的），在煤窑上。（日本人）进村围人，他这些人都比我大，叫人家堵住了，叫田二涛（音）、田毛鸡，他小名就叫毛鸡，还逮住一个田书原（音），这是头一次逮住的。田书原以后回来了，1945年日本投降以后他回来了，俺这边把他接收了，这个人死啦，他比我大3岁。他后面在安徽曹县当民政局局长。（田书原）在日本掏煤窑，不知道在日本哪儿掏煤窑。第二次逮住的叫田大丑、田敬林，可能是1943年逮走的，年月记不大清了。

没见过（白大褂、防毒面具、防疫针），日本人没有给中国人检查过身体。

这些都是灾荒年以后的事情。灾荒年以前，头一回日本人来了，他到鸡泽，国民党溃退了以后，后面（日本人）又撤走了，撤到大城市了，待了一年，又来了。头一回来鸡泽是小城，他（日本人）兵力正南进，他顾不得，他净占铁路沿线。我记得又过了不到一年，（日本人）就利用汉奸，在这还有，邢台组织伪政府。

（灾荒年）饿死了二三十个人，就那一年多吧。不是说正经饿死的。我记得这里有山东的逃难过来的，在庙里饿死的有两三个，我还去埋他了。后来这个村净是穷户、弱户，老人不能种了，孩子不能种了。反正我记得我那会儿统计过（灾荒年饿死的人数），有 20 来个。

我是儿童团团长，后来参军，我现在是个离休干部，我是 1949 年参加工作，我是个县级干部。我后面当医院的院长，后面当县里政协的主席。我当过两任医院的院长。

（民国 32 年）有人得病，得瘟疫。咱这个村（有得病的），瘟疫病，浮肿病。有病就死了，他治不起。说这个瘟疫病，我懂点儿医学，它带传染性。那会儿的病，又是潮湿，屋里又没粮食，再有点旧病，就死了。下雨以前他就身体不大好，下雨以后他又得不到很好的医治，又没治疗条件，就死了。瘟疫就是吐、泻，不能吃东西，没好东西吃，吐泻也少，反正都是营养不良造成的。我那时候统计就是（死了）20 来个人。光是中风正就 2000 多个人，这是一个大村，光是这个村死了 20 来个人，饿死、冻死、连饿带冻带瘟疫，有病的，这有一个田大经堂（音），他在我后边住着，还有一个叫个啥，都忘了，这两个死了我都看了。邻居嘛，谁快死了咱去望望，他就是不吃，光泻，吐得还不大，就是泻得不行，他主要是营养不良，又不能吃，有会儿也吐。他没好吃的，哪有这会儿好的条件。那个好像有点抽筋，叫什么忘了，不是那个田大经堂，是另一个，手颤颤。田大经堂年龄比较大，体质不好。我亲眼见过的就这两个。现在说说是霍乱，实际上就是瘟疫病。大灾后有瘟疫。瘟疫包括霍乱。那会儿也弄不清（是不是霍乱），也没化验啥的，就因为灾荒年营养不良死的。霍乱病一般都是抽筋，上吐下泻，后来就可以化验，霍乱弧菌啊，大部分都是肠胃病，以后没发现过霍乱病。（民国 32 年）那个搞不清是不是霍乱，不能下定义。

民国32年淹了，那会儿不像现在有河，那会儿净平地，反正不能进地了，不能种粮。八月份，阴历八月，不下雨不下雨，一下下四十天。春天没安上苗，旱得安不上，安上以后哪有这会儿这个机井，没敢安苗。它不是说哗哗哗下那个大雨，就是滴滴答和这会儿一样下了七天。那会儿就说霍乱、流行病，不能确定那是霍乱。

1963年那一回这发（大水）了。那年发大水，还没修这河，有个小湾，崩个口子，那年的水到我这个门了，我屋子里都没场睡。那会儿是啥啊，要搁这一会儿淹不着，为啥啊，它都疏通了，咱这不是把这个河道都挖了，那会儿没人治理河道，山里边下大了，水淹下来排不及，这一涌，就淹了。1963年我就转业回来了，在村里教学。1963年要死人的话也就是死三个两个的，那会儿就在工作做得好。那年我记得死的小孩不少，死了五六个小孩，就这个街上，肠胃病。

（我）做的灾荒年的统计，因为我是村里的支书啊，都是（以后）想（回忆）的，问（村民）灾荒年都谁死了啊，就这样做的。

民国32年这边有河开过口子，西边的河，叫牛尾河。它是地上河。这时候不知道叫啥名字，好像是留垒河。跟下雨有关系，冲开的，那个河一下雨就冲开了。那河不大点，一下雨就开了，它是地上河嘛。咱村里都淹了。滏阳河在东边，民国32年也开口子了，它开口子淹不到这，它那水往东流。咱这地形是东边高，西边低。那都知道（滏阳河）淹了。

采访时间：2007年10月4日

采访地点：鸡泽县鸡泽镇北关桥光荣院

采 访 人：李　龙　刘付庆生　解加芬

被采访人：徐忙的（男　79岁　属蛇）

我家在风正乡，民国32年没得吃，吃秕子，春天天旱，秋天下雨，有得病的，但没见过，村里没有得霍乱病的，是中风正的。听说过下雨，小。不知道哪有霍乱。逃荒逃到南风正，有下雨，有淹，水到腰。村里地里都有水。有决口，滏阳河开口子。在南边，离这不远的地方决口。（看地图）风正南边，再南，搁不住就是这，南赵寨决口。下雨下的。淹到这，听人说的。决口，有人堵口子，风正都有人去堵口子。中央军领人去堵，那时候没八路军，日本人没去堵，民国32年没日本人。

采访时间： 2007年10月1日

采访地点： 鸡泽县风正乡南风正村

采 访 人： 李　龙　李　斌　解加芬

被采访人： 张田氏（女　81岁　属兔）

我娘家中风正，灾荒年逃出去了，灾荒年饿，饿都饿死，记不清几月份，下雨，先旱后淹，没听说有霍乱病，都是饿，没霍乱。

采访时间： 2007年10月1日

采访地点： 鸡泽县风正乡中风正村

采 访 人： 李　龙　李　斌　解加芬

被采访人： 张银山（男　81岁　属兔）

张银山

民国32年没下雨，七月初一才下雨。民国32年我17岁了，就在这儿。吃糠咽菜，可难过了。下了七天七夜雨，这家没啥吃、那家没啥吃的，房倒屋塌的。我没逃荒。民国32年得霍乱病，“民国32年，灾荒真可怜，男女老少得了霍乱病”，下了七天七夜，人受了大潮湿。那会儿没医生，得了病都没医生。就这个地方得霍乱，别的地方咱不知道。就是这后边这个张小娟，她家就住在我北边，挨着邻家。她（病）上来就死了，谁知道怎么回事。这病上来了，一天半天就死了。俺都是一个家的，我还叫她姑姑。我在南边住，她在北边住，紧挨着房。反正她死了以后都说是霍乱病死的，咱那时年轻，啥都不了解。她比我还小，我那会儿17岁了，她得有十三四岁。咱不知道她有没有上吐下泻。秋天里得的病。记不清下雨之前还是之后得的病。

（灾荒年）咱这个村子死的人还不是很多。你到贯庄那里，那一家一家的，到好年景还没有人咧。咱这灾荒还轻。那逃荒的都逃到山西。有那逃荒的，走着就饿死了。下大雨那会儿还没有人出去，过了民国32年，人出去了。（村里逃荒的）三五十个可不止。七月里下大雨，种点小菜（油菜）。第二年春天里，都没啥吃了。

日本人在这，你得给他上公粮。日本人来了，男女老少都跑了，都在（庄稼）地里躲着，牵着牛到地里躲着。田二伯（音），他那个牛车过桥，日本的飞机扔炸弹，把二伯和他那个牛打死了，说他那个牛车是拉子弹的。他拉着庄稼，老日以为是八路拉子弹的，扔了个炸弹。

抓劳工的可多了。三德了（音），官名咱不知道叫啥，民国32年被抓走了，再没有音信。

民国32年咱这不是河里淹了，是下雨下的。平地里下的水，下得深。

浮图店乡

东柳村

采访时间： 2007年10月3日

采访地点： 鸡泽县浮图店乡东柳村

采 访 人： 姚一村　李　琳　石兴政

被采访人： 齐东海（男　88岁　属猴）

齐改贵（男　80岁　属龙）

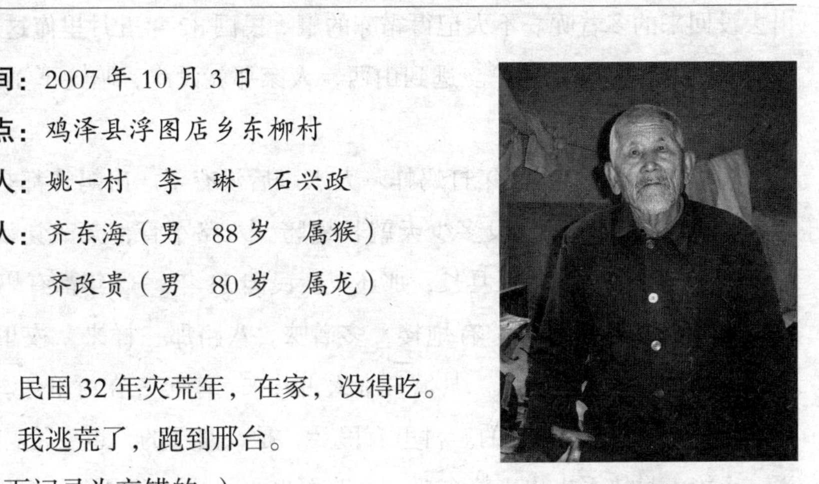

齐东海

贵：民国32年灾荒年，在家，没得吃。

海：我逃荒了，跑到邢台。

（以下记录为交错的。）

俺这边受点罪，还能凑合着过。过了滏阳河那村里都没人，逃出去的还能活，在家的都死了。

齐改贵

三年没下雨，到民国32年后半年下大雨。民国32年，东边、南边都往这逃，俺这稍微能浇点地。后半年六月里下的雨。河水淹的，洺河水。山上下了雨，水就流下来了。太行山上流下来的。村东那个河就是洺河，洺河开的口子。那是个老河。自己冲来的。在河南开的。洺河离村有3里地，开口子在永年汉庄。这个村地势不高。水从南往北流。淹到黄沟，离这2里地。没听说闹啥病。

下雨的时候在家里。家里漏，不能站。有发疟子病，忽冷忽热。

民国32年上水来，都是水。1964年啦，屋里水能齐到炕。

井水平了，都漫过井了。吃房上的水，喝河水，两个盆折折（用一个盆子装浑水，静置，泥沙沉淀后，把上层清水倒入另一盆中），折了喝清水。

没听说有霍乱病。反正是不多，多了就不能忘了。

那会儿村里两三千口，最多不超过四千。现在村里一万多口了。逃荒出去没回来的多着呢。不大记得霜冻的事。民国32年五月里俺这就收了，就有么吃了，我就回来了。逃到山西，人家那就没淹，咱这下了七八天，人家那就没雨。

闹过蝗虫，民国32年打蚂蚱。大水以后没有了。出蚂蚱都是旱年的事。一开始是小卵子，没多少天就长翅膀。八路军管，共产党领着打蚂蚱。有个李慕三，头一任县长，那还早。民国31年、32年都有蚂蚱。

日本鬼子断不了来，有炮楼，多着咪。八路那一样来，夜里来夜里走。有县大队，有区分队。县城日本人占着来，李慕三在村里住。那时候他18岁，家是山东邱县的。村里有民兵，是八路军的，也发枪，50亩地买一个枪。皇协军也出来抢东西。八路军也要公粮。有黑团，永年有，鸡泽没有。土匪组织的。

有抓劳工的，俺村里好几个，光俺这街里。村里一共走了七八个，光我知道的就7个，死到日本国了。村里说过（和日本打官司）这个事。

采访时间： 2007年10月3日

采访地点： 鸡泽县浮图店乡东柳村

采 访 人： 姚一村　李　琳　石兴政

被采访人： 齐三高（属牛）

死到日本的是我大哥和五叔（掳日劳工）。民国 32 年那会儿我才 8 岁。村里没人去打官司。石家庄有人来登记，帮着打官司，闹不清是谁。过去没几年。打官司自己不掏钱。没见过石家庄那个人。

采访时间： 2007 年 10 月 3 日

采访地点： 鸡泽县浮图店乡东柳村

采 访 人： 姚一村　李　琳　石兴政

被采访人： 齐寿高（男　75 岁　属鸡）

民国 32 年没开口子，这里没河。

采访时间： 2007 年 10 月 3 日

采访地点： 鸡泽县浮图店乡东柳村

采 访 人： 姚一村　李　琳　石兴政

被采访人： 齐双动（男　78 岁　属蛇）

齐双动

我是这个村的人。民国 32 年在家住着，没出去逃荒。水大，河水，西边来的水。下雨下了六七天。六月份（阴历）下的。水过来就是六月里。下雨后发大水。这里淹了，水有 2 尺多深。庄稼地里有深的有浅的。逃荒的不少没吃的。没有病，没听说霍乱。旱灾不多。

采访时间： 2007 年 10 月 4 日

采访地点： 鸡泽县鸡泽镇北关桥光荣院

采 访 人：李 龙 刘付庆生 解加芬

被采访人：王佩夫（80岁 男 属龙）

我没上过学。民国32年在鸡泽东柳房，吃糠咽菜。没有机井。老天不下雨，一下下了七八天，下雨之后淹了。记不清决没决口。逃荒都逃到山西。我没逃。

霍乱病我见过，村里就有得的，没有抽筋，上吐下泻。有药吃，抓野药吃，有吃好的，草药，从药铺里买的，从医生那儿开的药方。传染，死得不快。下雨之后有得那个病，干旱不得那个病。下雨得的那个病。牲口有得的，牛腿麻得站都站不起来，牛得的多，（自己的牛）用毛秸秆抽。抽起来了。我的牛得那个病。家人没得。邻居得的，一家子好几口子都得，村里得病比例不多。市里就不知道了。

见过日本人抢粮，打老百姓。自己小没挨打。日本人不打小孩。绿军装。没见过打防疫针的，不管这个。

不知道决口。没有被抓去当劳工的。因为我们村的人都跑了，往地里跑。我村有地道也不敢往里跑。大部分人跑外边，没地道。

我们村逃荒的少，我们还收点东西，种谷子、高粱、芝麻。离俺村五六里地逃荒多，那块干旱重，这轻。地主不管。有蝗灾。

黄 沟

采访时间：2007年10月3日

采访地点：鸡泽县浮图店乡黄沟

采 访 人：姚一村 李 琳 石兴政

被采访人：郝相恩（男 81岁 属兔）

我从小在这个村长大的。民国32年灾荒年很严重，人吃人。是敌人扫荡最疯狂的地段，鸡泽、曲周、永年。有粮食拿粮食，没粮食拿衣服。我不是党员。那会儿我十六七岁了。日本人见了年轻人就说是八路军。

郝相恩

民国32年秋天，八月十六，正在耩麦子。我到地里，一个人叫何崇善，他从地里回来，从东边响了一声枪，就知道日本人来了，我扔下东西就跑了。他的小孩刚会走，想走又舍不得小孩，走得慢，日本人来了，他藏到黑豆地里，让日本人看见了，逮到就用刺刀挑死了。

俺这一块儿也是灾荒，但不是最严重的。严重的就是曲周、邱县、大名，那的荒民都跑俺这了。他们没井浇地。俺这还有井，有水浇地，能维持生活，这儿没外逃的。到鸡泽县东边就不行了，就有外逃的。他们到这要饭，晚上就住破庙。

皇协军领着日本人。日本人占少数，皇协军占多数。

民国32年下雨那一会儿没淹，没河水。没有传染病。调查灾情到县东边那些小村。

采访时间： 2007年10月3日
采访地点： 鸡泽县浮图店乡黄沟
采 访 人： 姚一村　李　琳　石兴政
被采访人： 郝智增（男　80岁　属龙）

郝智增

民国32年我就住这个村，没逃荒。民国32年旱，不落雨，村里有井，可以浇地，旱灾不是很重。那年没大水。1963年那年下了七天七夜。这个村里没有霍乱。

采访时间： 2007年10月3日
采访地点： 鸡泽县浮图店乡黄沟
采 访 人： 姚一村　李　琳　石兴政
被采访人： 何子法（男　78岁　属蛇）

记不清有没有发大水。有霍乱。

采访时间： 2007年10月3日
采访地点： 鸡泽县浮图店乡黄沟
采 访 人： 姚一村　李　琳　石兴政
被采访人： 佚　名

民国32年我在黄沟唻。下大雨，井都淹了。水从西边来的，说来就来了。水库崩了，搁水库那唻。不知道有没有霍乱。

焦佐营

采访时间： 2007年10月3日
采访地点： 鸡泽县浮图店乡焦佐营
采 访 人： 靳爱冬　张海丽　齐　飞
被采访人： 蔡县宾（男　74岁　属狗）

蔡县宾

民国32年，家中几口人不太清楚，家中有60多亩地，全仗浇地，有时候够吃。灾荒年不够吃的，种了几亩荞麦，连旱，日本人捣乱，不产粮食。旱后生蚂蚱。五月份前，高粱到膝盖，谷子、棒子、高粱都长苗了，上头满满的蚂蚱。

这里七八年就发一回大水，沙河里发水。霍乱死人，死牲口，到了外村就好了，灾荒年时的霍乱记不清在哪年前后，得了病就吐，就俺这个村得的多，死了一二十个，就不少了。不知道为什么，有人说是日本人干的，这病不是很传染，有治病的，有好了的，也有不好的。中医多，吃草药，有扎旱针的，扎哪儿闹不准。

采访时间：2007年10月3日

采访地点：鸡泽县浮图店乡焦佐营

采 访 人：靳爱冬　张海丽　齐　飞

被采访人：任斗的（男　78岁　属马）

任斗的

民国32年，家里人不少，有二三十亩地，人多，打的粮不够吃的。灾荒年就更不够。还不到收粮就不够吃的了。

民国32年下雨发大水，河水都过来了，沙河（村南两里地）开口子，流过来了，在南边，离这里两里地。自己冲开的，水多就冲开了。不记得有传染病。灾荒年有死人，没有大规模的，这片没听说过有霍乱病的。

正南西边开了口了，是沙河。水到了村子里了，有一个深，几里远，我们就拣高地方。

有逃荒的，有没去的，俺就没去，逃荒要饭，几天、十几天就回来了。

喝井水，淹了井，但几天就下去了，喝开水。

听过滏阳河开过口子，在村子东边十一二里地，淹不到这里，那年有蝗灾，就在灾荒那几年。

见过日本人，十几岁时见的，在村里见的。日本人还干好事啊？不是刀就是枪，不干好事。柏枝寺有炮楼，日本人来了，人就跑。日本人穿黄衣服，钢盔，没见过穿白色衣服的。

日本人抓过劳工，在村里挑，要多少人就得给多少人。有抓到日本的，死在了那里，有回来的，现在都死了。

日本人也烧房子、杀人，不给粮食就杀人。他们在这一片待了七八年，日本人在这里修了炮楼，住有皇协军，村里无炮楼。他们在村里放过毒气，八路军挖了个洞，听说日本人来了，村民就钻洞里了，日本人就放毒气，盖上了就走了。毒死了很多人，有一个八路活下来了，不知道去向。村里有地道。被毒死的人不传染。在沙河大北旺有个炮楼，开口子的地方离炮楼远，没听说有过传染病。

采访时间： 2007年10月3日

采访地点： 鸡泽县浮图店乡焦佐营

采 访 人： 靳爱冬　张海丽　齐　飞

被采访人： 任耕让（男　78岁　属马）

任耕让

日本人来时我8岁，日本在此8年。民国32年没分家前家里有16口人，后顾不上了，分了家。家中有40多亩地，父亲、哥哥、嫂嫂、一个侄女、二哥、二嫂、我、姐，平半分，20多亩地倒不少，不产粮食，都不够吃的，谁种的也不少，就是不产粮，一亩地产5斗麦子，一共50斗麦子，8口人不够吃的。地里不上肥料，家粪不多。

民国32年日本人在这里，村民不敢种粮，不能在地里好好劳动，天天在外面跑。日本人老在村里抢。秋天，一天的五更，人都没起来（4点多），日本（人）来了，刚跑到路口，日本人来了，不让跑，让伪军围住，俺家跑出去在亲戚家。日本人逮了五六个人都活埋在三陵炮楼。村长没敢去保，没人去保，都死在炮楼，第二年春天自己刨沟，活埋了，当街俩、东头俩、中间一个。与当时县长同名的一个抓住了，打他，喝屎汤，村民让去小便，日本军与伪军说让去，去了后见了铁锹，与日军打起来后被打死，五个人里有一个老百姓，剩下是伪军。

那年都吃糠菜，民国 33 年就好了，民国 32 年天旱。山东那边逃荒到这里逃到庙里，这里的年景还好，把孩子卖了。下雨下晚了，下了连连 40 天，在六月初（阴历），那时村里没有医生，发疟的，冷冷热热的，冷得不行，捂上被子，又热得不行了，长疮的、感冒的多，吐泻的特别多，霍乱上吐下泻，全县都有，死得不是太多，有时病两天，人老了就死，青壮年有时会好。中医找点草药吃，有中医扎旱针，扎胳膊，腿弯放黑血就好了。小孩死得更多，小孩不能吃药。村头的玉皇庙，死了好多孩子。潮湿的寒性细菌传染，老人说的。老人也得过，奶奶与爹都没传上，光扎针不行，熬点汤。大雨过后两三年后得的。逃荒的得的不多，离这十五六里地，逃到那条沟就好了。沟是南河县，沟外是永年县，不保沟外，南河县的炮楼上明里保日本，实际上保共产党。

民国 26 年（1937 年）日本（人）进村，那时沙河来的水，从杜口的船，从山里面来的水。共产党的鸡泽政府在此驻扎。日本人混为老百姓，也戴手巾。武工队戴手巾。土匪也有。

民国 32 年，蝗虫特别多，拿着棍子打，要头朝南都朝南，从东南过来，过几天就飞走了。是小蝻子，鸡都不吃，臭得不是个味，蚂蚱有毒。

采访时间： 2007 年 10 月 3 日

采访地点： 鸡泽县浮图店乡焦佐营

采 访 人： 靳爱冬　张海丽　齐　飞

被采访人： 王春耕（男　78 岁　属马）

灾荒年我家里有 4 口人，20 来亩地，在西北正东，一般年景不够吃的，灾荒年更不够吃的。那年地旱，人都够呛，旱了之后有蝗虫，庄稼被蝗虫吃光了。蝗虫厉害着哩，满天飞，遮住太阳，院子里都是，说是小蚂蚱。

王春耕

民国32年后来涝了，具体记不得了，发过大水后，淹得够呛。南边沙河发过水，我六七岁、七八岁的时候，其他河就不了解了。水大得都漫过来了，自己漫的。

村里没记得有什么病，但饿死的人不少。光听说有霍乱，具体不知，过了灾荒年，日本人刚来不久听说的。有逃荒的，听说不少，我没逃荒。

在咱这里见过日本人，他们来扫荡，抢东西，村民就都从地里跑了。日本人穿黄衣服，不戴口罩，没见过穿白衣服的。在焦佐营有地道，日本人放毒气呛死过人。

采访时间： 2007年10月3日
采访地点： 鸡泽县浮图店乡焦佐营
采 访 人： 靳爱冬　张海丽　齐　飞
被采访人： 王红生（男　80岁　属龙）

王红生

民国32年家里有三口子，有母亲、哥哥、我，当时我15岁，当时清寒在村里，17岁出去当兵了。

1943年，一开始生蝗灾，从村北一块过来，把粮食吃完。开始是小蚂蚱，后来会飞，把太阳遮住了。八月二十一，老天阴了天，接连下了七八天雨。下雨反正人受潮，得霍乱，俺村有医生。鸡泽往东二三里地有一个村全死光了，往东南开始，过了民国32年差两年，1945年去了那一个村子都没人，草长了一米多高，逃荒的人来嫁着过来，曲周的多，那时五六十斤谷子娶个媳妇。

咱这个村也（闹）灾荒，但在这村里是个好地方，比别处都好。西北边就到永年。咱村有井，旱灾不是很严重，自给自足好歹能过。老财、地主吃得好，村头有个庙，逃荒从曲周过来的人很多，死时，连饿带病就死了，具体情况不清楚。动员人出来给埋了，不知道是什么病。当年我是这里的儿童团团长，日本人在这，这的儿童团在周围起了很大的作用，当年组织不好做，儿童团起动员作用。成立“妇女会”，全仗儿童团。永年开追悼会，儿童团也过去了。

下雨受潮得霍乱，男女老少死了一大片。村里人有死的，没记载，自己感觉比一般年份死得多。咱们村也有得霍乱的，呕吐、肚子疼。民国32年，下雨后地潮湿，村里有医生，没钱治，扎旱针放黑血，腿弯的筋，医生给扎，流出黑血，不吃药，有的医生给扎钱，有的自己给自己扎。

民国32年六月发水，不大，南边2里地顺着沙河过来，两边漫过水来，没有人扒口子。

日本人是来中国一年后才到鸡泽的，过了民国32年、33年才到这里，这里是3个县的县政府。干部家属在此安家。这里的八路军较多。日本人1943年来此，过了一夜，一般来这里两个小时就走了。有一次有十三个县的集合在一起来过一次。南边的柏枝寺，很严重，自给自足好歹能过。老财、地主吃得好，村头有个庙，逃荒那都有炮楼，伪军、日本人一般不敢来。1944年去参军，在这八里外的曲周去当兵，独立三团团长韩去庭，在永年的一个炮楼住，看起来是日本军，实际上是地下党。1945年七八月份才走。日本人走了两三天，才知道本村民兵去三陵打毁了炮楼。日本人走的时候没有留下什么瓶瓶罐罐。

我在永年打过仗，参加过平汉战役。我没上过学，自己在部队里学的。

采访时间： 2007 年 10 月 3 日
采访地点： 鸡泽县浮图店乡焦佐营
采 访 人： 靳爱冬　张海丽　齐　飞
被采访人： 王秀善（男　84 岁　属鼠）

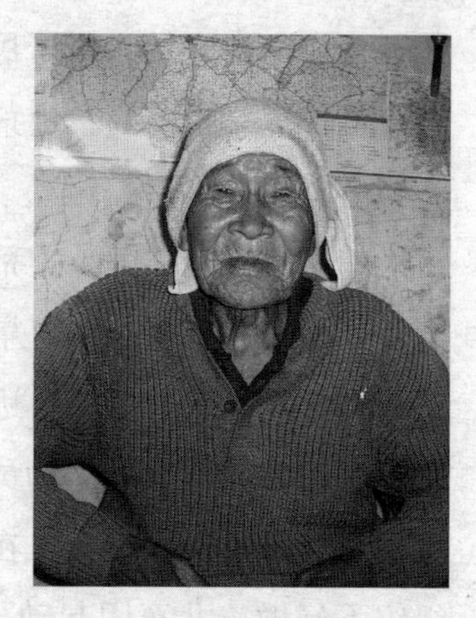
王秀善

灾荒年我家里有四五口子人，少吃的没喝的，有 30 亩地，地多。一般年景刚够吃的，一亩地打百十几斤粮食，灾荒年就不见东西。我在村里当过民兵，没去逃荒，庄稼都被蝗虫吃了。一年没下雨，有井，能浇的就收点，否则无收。

蝗虫很多，把庄稼都吃了，把月亮都遮住了。蝗灾时，少苗（谷子）都被吃了，割麦子后，五六月份，不记得哪一年。

旱了一年，后来下雨了，下了七天雨，没断，这里没淹。村子里没有霍乱病，很少，俺村医生多，老中医现在都死了。没一下子有很多人都得病的情况，只有个别有病的。村里死过人。1963 年发过大水，水很大。以后也发过，少，没淹坏庄稼，具体时间不知，灾荒年没发过水，就是旱。街里的水很深，到胸部，房子倒了很多水一泡就倒了，大队书记让出来，上高地上。这是 1963 年的事，1966 年也发过，少。

村里有逃荒的，到山西，给人打工，带回点吃的给小孩吃。

日本人来时我才七八岁，日军很早就来鸡泽了，日本人他来中国干啥好事？他光跟老百姓要东西，不送不行。在灾荒年前。在村子里见过日本人。日军装黄衣服，戴两边带耷拉的帽子，高筒靴。没见过穿白大褂、戴口罩的日本人，我见的日本人不多。日本人抓劳工到他日本国当工人，后来都回来了。现在还在的没了，都死了，没一个了。

八路就跟他们慢慢磨，持久战，我打过炮楼，南庄、柏枝寺、三陵、城东南，也有柳林口。我还挖过地道，从村西通到村外，日军知道地道，有藏里面的就毒死了，东边的焦佐营有被毒死的。

鸡泽镇

崔青村

采访时间： 2007 年 10 月 3 日

采访地点： 鸡泽县鸡泽镇崔青村

采 访 人： 李 龙　李 斌　解加芬

被采访人： 崔清河（男　78 岁　属马）

崔清河

民国 32 年敌人就在这了，日本人就过来了。民国 32 年我就在家里，在家受罪吧，吃也没吃的。那一会儿啊，就是伤人伤得太多了。马路沟里不远地儿就有死人，连埋也不埋，埋不动，这些人都走不动了。人家小青年就上山东了，去干个件，活个嘴儿。

那一会儿一亩地收 100 斤 200 斤的，现在打好了能收两三千斤，那跟现在不一样。

下了七八天雨，下了 4 天，水就过来了，咱这边从东边 30 里地朝这头淹，黄河过来的水。西边的山来的水，西边挨着邢台的大山。八月二十一阴的天，后面就下。俺自己家一个叔叔，他死啦，孩子娘不愿意叫埋。俺姑说劝了，叫埋了，那以后开始下了。（叔叔）他是岁数大了，病了，死啦。他开始是脉管炎，脚不能走，年头又赖，就不中了。

下雨下的净是水，河里头也来的水。东边一个滏河，西边一个洺河，老洺河也不流这儿啦，这一个牛尾河，离这五里地牛尾河。黄河的水也是朝这流。咱这是久淹之地，水都是从西边过来的，全从西边过来。那个滏河的源头也在邯郸那里，那都通那个大山口里。水过来了都汇合了。滏河在东边10里地，南边还有。干的地方都不多，都有水。都上地了，都够不到底儿。村里可不进水了，宅子里面没水。从那淹了以后，开始大灾荒。九河归到天津卫，九条河都归到天津那，归到大海了。

树上能吃的树叶子都吃光了，光吃糠和秕子，别的没有。街上洼的地方都是七八尺的水，人够不到底。这街是以后垫了，垫了两回。民国32年那高粱可是都红了，谷子都泡里边了。谷子都不露头了，在里边泡着。咱这净平房，那个屋里漏得就不能站，炕上顶的那个盆、碗，上面还顶着席，在这个屋里。白天那屋里不能站，不下了，到外边站会儿。“民国32年，八月二十一日老天阴了天，接接连连下了七八天，昼夜不停下了七八天”。光这个村那一回，俺母亲还在，我那会儿还小，连孩子带大人，年前年后死了百十口子人，就这一个小村。从春天里开始死的，头年里还少。头年里还有点糠和秕子，还稍有点粮食。下雨的时候糠和秕子还能少吃点，以后没粮了，秋粮没收，以后就不中了，地里庄稼都泡里面了。吃不了正经东西，有病就死了，一添病就死了。那都说不准是啥病。朝东面是霍乱病，不大会儿就死了，肚里疼啦，一上来不大会儿。就这个滏河东面（有霍乱病）。这儿还轻点，就是头疼脑热的，感冒的，就是不能走啦，饿的。咱这儿没有（霍乱病）。

采访时间： 2007年10月3日

采访地点： 鸡泽县鸡泽镇崔青村

采 访 人： 李 龙 李 斌 解加芬

被采访人： 崔秋生（男 73岁 属猪）

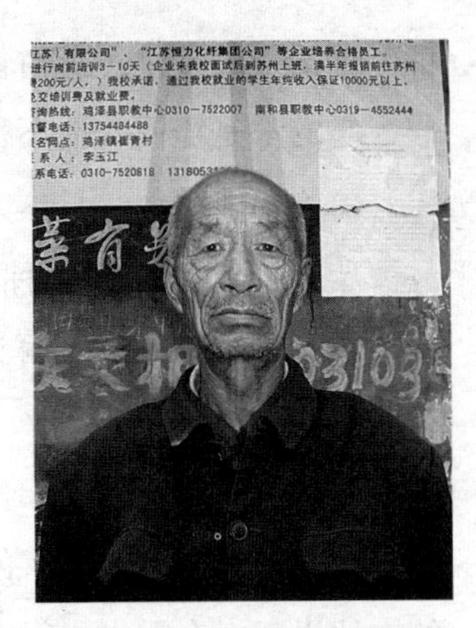

崔秋生

民国32年我就在咱这个村里，那会儿的生活最艰苦了。那会儿吃粮，一天都合不上二两粮食，都吃树头叶子，吃地里野菜，吃那个毛叶菜、寸儿菜，吃麻糁，吃花籽退了皮打油打出来的那个麻糁。寸儿菜都吃了，扎手那东西，不能进嘴，都吃了。

这条路（村里的路）就是以前敌人在咱这（的路），没有公路，都是坯路，通冀南，通邢台，都是跟这过，来往的人，来邢台的，来冀南的，推推打打的，赶件的，逃荒逃难的都是走这。威县以东，河谷庙以东的都是跟这过，推着木头轱辘的小车，推着孩子，推着铺的盖的，逃荒逃难，都向山西走了，在这路过。来邢台，来山里边走。邢台西边不是有山啊，山里边好过。走在路上，推着孩子，没啥吃了，要，都没有啥吃，谁家稍富裕一点的，就（把小孩）给了你了，你就给点儿粮食，拿着吃着就走了。威县、河谷庙都是家有两片宅子，卖一片，就是走了；有是一片的，拿坯吧把门垒住家，都逃荒走了，都是跟这个村路过。

俺村有逃荒的，从前有逃到邢台的，民国32年往外逃。那两年13个月没下雨，地里草苗都不长，没啥吃。种不上粮食，旱得草也不长。那会儿没有机井，都是砖井，都是一丈来深，底下没水，不能浇。打不起井，一个村有一个两个的，可以少浇点水，一天浇个几分地，三分二分的。13个月以后能不下点雨啦，那一亩地就是打个三斗二斗的，一斗30斤，一亩地打个三斗二斗的就是好年景了，不收粮食。那年俺家把俺兄弟给了人了，给了外村的了，以后兄弟又跑回来了。民国32年俺有个姐姐没啥吃啦，有了病啦，没啥吃就饿死了。

下雨没下雨咱都不留心，咱都小。淹没淹咱也不留心。咱就是饿着，别的事儿都不留心。

那会儿就是有霍乱病，猛一死啦就说是采生，就是把魂儿给采走了，都是迷信，是不是。那时候咱才八九岁，不留心。有病，有霍乱病。那时候人吃的都是糙饭，能不得病吗？

白天不能种地，日本人在这的时候，来扫荡，把年轻人带走，当他的兵。年轻人都不能在家种地。每天在村里骑的马，东洋刀，戴个黑牌眼镜，领着日本狗，三天两头在这转悠着。日本人就在这找村长，烧水，洗脚，烙饼，吃喝的，村长都照料着，剩了以后吃不了，剩的饼还给了我了，叫我吃。年轻人白天都在庄稼地里藏着，黑了也不敢回家睡觉，睡了他来把你抓走了，穿人家的衣服，当人家的兵。后来都在庄稼地里被子盖的在地里睡。有露水也得在地里睡，不敢在家睡。

春天里天热，走着走着，肚里没饭，心慌，栽那就死了。死了以后也没人管。

东北街

采访时间： 2007年10月4日

采访地点： 鸡泽县鸡泽镇东北街

采 访 人： 李 龙　刘付庆生　解加芬

被采访人： 郭运通（男　81岁　属虎）

灾荒年没得吃，有逃荒的，都往西逃，逃荒时有日本人，但不管（逃荒），县城里也有逃荒的。

水淹，下雨，南边有决口，牛尾河决口。逃荒是下雨之后。

下雨后得病，得霍乱病，城里也有。霍乱死人多。上吐下泻，见过得病的。中医用针扎，治好的不少。

当时这儿是县城。见过日本人，没见过穿白大褂的日本医生。打过防疫针，在城门的地方打，给谁都打。人都不太去打，都跑，不打。打了防疫针，也不管事。没有良民证，不让进城。自己也打防疫针，怕传染，都打日本人自己，皇协军都打。通知去打，不去就算。但没见过日本人打，中国人给打，日本人在旁边看着。霍乱是打防疫针之前得的。

没有因为打防疫针死的。让日本人先打，谁管事谁先打，确定没事再给群众打。但群众也不太打，都没事，只是不敢打。日本人没有检查身体，城里日本人怕传染给自己才给打针。乡村有霍乱，但没人打，霍乱传染，打针出血，不记得颜色，死得快。整个县城都有霍乱。整个县城都打。

民国32年前，我才10岁，日本人轰炸过县城。康老偏被炸死了。李卯子一家被炸死了。一下子炸飞了，没了。北关一个叫和二木他爹（小名，音）也被炸死了。飞机上只扔下炸弹，先扔炸弹。飞机从西北边来，往东北南飞，又回来，扔了6个炸弹，2个掉了水坑，没响，炸了4颗。第二三天中央军就走了。日本人就进了。

有被抓去当劳工的，都到日本国了，后来有回来的。

东营村

采访时间： 2007年10月3日

采访地点： 鸡泽县鸡泽镇东营村

采 访 人： 王 凯 周 俊 于 璠

被采访人： 王唐德（男 80岁 属龙）

我小时候这村就叫毛官营，西营叫二百户营，鸡泽县北边叫县北营。这儿归河北鸡泽管。上了一年多学，日本人过来了就没上，六七岁上的学，日本人来时我10岁，一千人不能有一个识字的，都文盲。家里姊妹仨，剩我一个，一个弟弟、一个妹妹都死了。俺爹俺娘都死了。那时小，说不准种地多少，20多亩，不够吃，穷得不行，吃不够。一亩小麦打5斗，100多斤吧，一年吃这一季。粮食不够吃，吃菜，干买卖弄点钱，弄点糠，灾荒年村里都死了。灾荒年是民国32年，死的人多了。俺家也死了，很多。日本人也在这儿。东营在东边，那都来这逃荒，都死了，躺汽车道上都死了。

灾荒年我待在皮阳城，离这儿12里地，平乡县离这3里地，鸡泽到平乡12里。俺娘有病，我在家伺候，日本人从平乡过来，拉人走。她老了，我跑了。日本人来了，东边一股西边一股，没进村，过去了。日本人、皇协军把我截住了。我跑的时候，宪兵队啪一枪："再跑打死你。"我那时没啥劲，不能跑了，被逮住了，在西营那边逮着我。要不就到北关了。日本人连上皇协军扫荡过来有1000多人。"走，见日本人！"宪兵队说。我不害怕。到南阳，日本人都在那儿集中着等着。别人都跑了，我被抓了。皇协军说我是八路军，日本人要我命。日本人问我："你是八路军?""我是好良民，16岁。""你的开路开路。"日本人让我走，又把我逮住了，把我摔倒了，我也不懂事。皇协军叫我起来，日本人把我好打一顿。抓了好几个，都打得不轻，拿枪指着说，让我们跑，后面有枪指着跑不了。八路军九大队在吴官营住着，一排子弹50粒，日本人在前面打，我给他们背子弹，我一肚子子弹袋。当年平乡城东边，日本人说"辛苦辛苦的开路"，宪兵队在前面等着我呢，他把我拽着，把我抓住了。三天没吃饭，后来抓四五天。在平乡城，抓住了18个人，不能坐，在那儿立着，都逮到了，有卖粉条的……要花钱赎人，数我去得最早，回来得最晚。

灾荒年没吃的，皇协军也没吃的。后来家里知道了，送点吃的给我。后来把我放了，卖了十几亩地，把我弄回来。家里啥也没了，回来时家里穷了，娘也死了，奶奶很老了。我接着又跑，我不到18（岁）就入党了，抗日救国时，解放战争，保卫永年3年，后来解放了。有被抓到日本的，平乡的，鸡泽有，杨某，鸡泽城里的，抓（到）日本，解放时回来的，现在死了。咱村死了，没些人了，都走了，没信儿了。翻译官只管要钱，（比）宪兵队大队长还坏事，不敢出去，出去就被逮住了，要钱。"是东营的吧？是八路还是不是？都回去吧，是，回去改过，不是就走。你看不见我再回来。"把我送走了，皇协军抢东西，穿便衣，把布什么的都拿走了。

灾荒年出去逃荒的不少，没食儿吃，都没回来，死外面了。那年下的不小的雨。那年冬天冷得不行，下雪很大，冻死不少。这村年年淹，那年水不少，村里不见人，皇协军都要走东西了。房子没倒，后来那年大水淹倒了滏阳河哪一年也开口子，一挖河之后不开了。哪一年也淹，种高粱有时就淹了。滏阳河离这儿 15 里地。开口子就淹到这儿。滏阳河现在没啥水了，不淹了。光是旱。地里的麦子出来，一旱就死了。地里有井。灾荒年时不多，浇了也不活。东南净盐碱地。

灾荒年得病就死，没人治，孩子大人死得都多。小孩生了就死了，连先生都没有。二三里地没先生，有先生也逃了。都饿的，没吃的就病了。霍乱老辈就有，肚子疼，用针扎扎，没医生嘛。得霍乱就死了。主要是没食吃。灾荒时有没有伤寒不知道，那个一治就好，吃草药。得伤寒不吃饭，上不来气，几天几夜不能动就死了。灾荒年伤寒断不了，不多。日本人之前村里 900 口，灾荒年之后，村里死的不多，东营死得多。解放时还有 1000 口人。

日本人在村里杀过人，王双芝说是八路军，死时 20 来岁，从西边回来，被皇协军逮住，被刺刀挑死了。皇协军还淹一个李净增，后来又活过来了。日本人走之后，皇协军都在永年光武，都跑那里去了。待了两三年。村里，全县民兵把那儿包围了，打永年城，不能出来，出来就打。后来一点点解放了，打死人不少，逮回来也崩了。鸡泽县崩了七八十个皇协军，好人放了，坏家伙崩了，我在那儿参观过，政治部打仗，民兵在那儿包围，用飞机往城里送东西，拿枪把飞机都打下来了。小飞机一来，枪嘣嘣嘣。

采访时间： 2007 年 10 月 3 日

采访地点： 鸡泽县鸡泽镇东营村

采 访 人： 王 凯 周 俊 于 璠

被采访人： 李素香（女 83 岁 属牛）

葛宝香（女 78 岁 属马）

问：上过学？

李：没有。日本人在这，我13岁，在娘家，大韩固，我敢上学?! 28岁入党，19岁娶过来的。妇女站队开会，入党不敢说，两口子入党都不敢说，到处开会，天天不在家。

李素香（右）、葛宝香

因为我是老党员，有一年过年，上面来给送了1440块钱，一袋大米，一袋白面，这都过了几年了，现在这个县长一点东西都没送过。

问：小时候家里几口人？

李：我13岁时爹死了，娘带着一个兄弟走了。我是大的，长到19岁就过来了，娘家穷。

问：记得灾荒年？

李：逃荒去了，要饭，到山西去了。

问：灾荒年是哪年？

李：到邢台卖东西，没吃的。灾荒年我就过来了。

问：灾荒年时日本人还在？

葛：日本人还在这儿呢。我爹是党员，群众送个条儿，爹给八路送信，被日本人看见，把爹打得狠了，我爷接着我爹。到了晚上，娘去找，两个人都不能动了。

问：娘家是？

葛：西营，灾荒年我13岁，还当闺女。家里住过八路。

问：八路有多少人？

葛：八路找党员，两三个。

问：游击队还是正规军？

葛：不知道，那时我还小。

问：日本人在村里杀过人？

葛：没听过。

问：当时你爹被打，是日本人还是皇协军？

葛：支那军，绿衣服，带刺刀，炮楼的，什么都抢走了。

问：你爹被抓哪儿了？

葛：抓炮楼了，是冬天，冻得直叫，后来回来了，炮楼里给狗吃的都是白卷子，不给人吃，自己给人送饭吃，送麻糁。

问：当时日本人从村里抓过人？

葛：日本人少，净皇协军。解放后，去城里看日本人的大操场，把皇协军都逮住了。

问：哪年过来的？

葛：18 岁，那时日本人走了，这边解放了。

问：你爹被逮炮楼时还有别人？

葛：那时我还小，有六七个吧，村干部给说了，回来了，打的，拿刺刀还扎了，我爷爷趴爹身上。

问：给爹送饭进炮楼？

葛：我没去。村干部拿去的。他是不是党员我不知道。

问：灾荒年时你多大？

葛：我还小呢。

问：爹被打是灾荒年前还是灾荒年后的事？

葛：我只记得，灾荒年时爷爷把秕子晒晒磨了吃，爹挨打时我才十一二岁，只记得灾荒年时没食儿吃，不记得挨打时是灾荒年前还是灾荒年后的事了。

问：灾荒年咋过的？

葛：我那时有十一二岁，可受罪了。

问：那年灾荒时是旱还是上大水？

葛：我记得有这一回七天没晴天，下雨了，那时日本人还在呢，枣都不能吃，就烧了。解放时我 13 岁。

问：地里有水？房子淹了？

葛：没听说有人，房子没事，后来淹了房子都倒了。

问：灾荒年村里死人了？

葛：浮肿，死人了。东营的人留得少，吃光了，西营的留得多。

问：逃荒了没？

葛：那年俺爹到石家庄烙成饼回来，一块块儿的卖，换点钱，没听说村里逃，别的地方往这边逃。

问：灾荒年有得病的吗？

葛：不多，没记得，吃得赖。没听说饿死的。

问：听说过霍乱？

葛：没听说过，没听说村里有得的。

何　庄

采访时间：2007年10月3日

采访地点：鸡泽县鸡泽镇何庄

采 访 人：王占奎　张文艳　滕启亮

被采访人：何照德（男　76岁　属猴）

何照德

我家里穷，没上过学，一直在家。

灾荒年，我也就十二三（岁），人就吃榆树叶，那时天旱又没井。旱灾在民国32年，到秋天才下雨，七月十五老天阴了天，接接连连下了七八天。都把房子下塌了。下雨之前没收庄稼。逃荒的多。不记得当时多少户。民国31年也是旱。老天下雨就收，老天不下雨就不收。有饿死的，我没出去，到后来才出去。咱这没淹，当时的牛尾河还不如这现在的河大。

牛尾河发过水，是1963年，我去护河来着，就是这个河。灾荒年没发水，旱得厉害。当时没听说有传染病，霍乱病没听说，有饿死的人，都没医生。都没人了。肚里不舒服，还有发疖子的，没有扎针的。发疖子的人不多，不传人。有个老头给你挑挑放血，有挑嘴挑舌头的。

蚂蚱很多，五月份，我就十几岁，很多蚂蚱，从阜阳过来。有唱戏的，有求雨的。就是跪在那儿求雨。有关爷庙。就是求神仙。

采访时间：2007年10月3日
采访地点：鸡泽县程关乡何庄
采 访 人：王占奎　张文艳　滕启亮
被采访人：何志民（男　85岁　属猪）

何志民

我没有（上过学），不识字，灾荒年去过山西。我有个亲戚在山西，我去逃荒，就在灾荒年去的。家里没啥吃了就去那了，阴历七月份吧（去的）。当时几个月不下雨，日本人在这，没吃的，一共去了八九户，俺和俺娘。闹灾荒时也就八九户。之后好过点了。我刚走就下雨了。反正是不小，下了七八天。回来有人说。那时候家里还有小孩，母亲去了山西，我一岁时父亲已经死了。

我15岁时，日本人过来的。

我回来时没水，回来时22岁。我回来没听说传染病，听过有霍乱，知道有这个事。我们这儿没有，那啥病也有，那时我们这没有先生，周围王街有。只知道有这个病，不能治，不慢，快着哩，各人不一样。治不好。

闹蚂蚱，就在六月。那时我十几岁。旱就旱一大片，有井，水少，那个井够三亩五亩。河里有水不能浇，没机器。水不是很小，旱了就没有水了。

我们这儿没死多少人，路上有要饭的，走不动就死了，东边那边过来的这儿有个牛尾河，1963年淹过，1963年闹的水灾。1963年水大，当时牛尾河还在，没现在的这条河。

康双塔村

采访时间： 2007年10月3日

采访地点： 鸡泽县鸡泽镇康双塔村

采 访 人： 张文艳　王占奎

被采访人： 侯玉芹（女　80岁　属蛇）

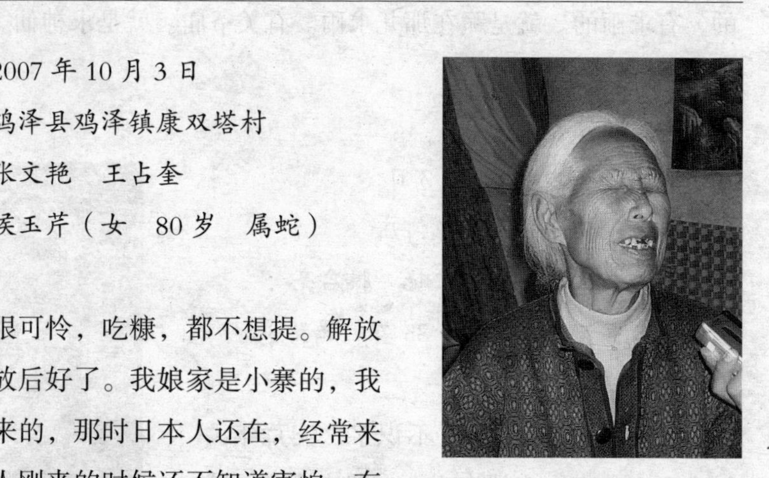

侯玉芹

灾荒年很可怜，吃糠，都不想提。解放前很苦，解放后好了。我娘家是小寨的，我14（岁）过来的，那时日本人还在，经常来村里，日本人刚来的时候还不知道害怕。有一年下雨下了好几天，都跑到地里去了，那时日本人还来。这儿还旱过，没记得有逃荒的。

这儿没有传染病，听说过别的地方有，也不知道啥病，没见过，也不知道哪儿厉害。这儿也闹过蚂蚱，不知道是哪一年了。这儿也发过水，发水的时候解放了，日本人走了。

刘双塔村

采访时间： 2007年10月3日

采访地点： 鸡泽县城关镇刘双塔村

采 访 人： 王占奎　张文艳　滕启亮

被采访人： 郝耐磨（男　81岁　属兔）

郝耐磨

我没上过学。灾荒年是民国32年，有粮食也不敢吃，有的有，有的没有，一吃就抢。那年收成不好，因为啥，地里长不来。吃糠、瓜子，灾荒年嘛。下了，七天七夜是后来的，我忘了年岁了。也不大，就是一直下，房子漏，（村里）没水。东边有条河，牛尾河。有30年多了（挖的）。

我当过兵，邓小平的队伍，二纵队十二团三营八连，河南、湖北、湖南、江西、江苏都去过，日本走的那一年当的兵，不是17（岁）就是18（岁）走的。

逃荒，咱这没有。饿死的有，很少。没传染病。

治安军是咱这人，皇协军也是咱这人，一个共产党，一个国民党。

采访时间： 2007年10月3日
采访地点： 鸡泽县城关镇刘双塔村
采 访 人： 张文艳　王占奎
被采访人： 何吉照（男　76岁　属猴）

何吉照

我一直住在这儿，我上过两年小学。民国32年灾荒年，下雨了，秋天下的，不记得几月份了。下雨前天气不太好，那年麦子收了，收成少，种得不好。雨连下了七八天，没淹，地上水不深，河也没开口子。河里水也不大，下雨之前旱，到秋天才下雨，一春天没下。民国31年的事不记得了。灾荒年这儿不咋的，没吃的。灾荒年每个村都有井，是自己家的。

听说过滏阳河，但没开过口子。逃荒的不多，也不知道逃哪儿去了。那时候没传染病，有得病的，但记不清是什么病了。

灾荒年以前闹过蚂蚱，那时候我还小，灾荒年以后就记不清了。以前闹得很凶，蚂蚱鸡吃多了，都不吃了，几个村都闹蚂蚱。

采访时间： 2007年10月1日
采访地点： 鸡泽县城关镇刘双塔村
采 访 人： 张文艳　王占奎　唐继良
被采访人： 刘银箱（男　73岁　属猪）

刘银箱

我上过小学，不会写字。灾荒年我9岁。老天不下雨，13个月没下雨，听人说的，八月里下的，阴历。下了七天八夜，房子都漏了，村里没淹。雨下得慢，不是恶雨。

牛尾河，从南边往北流，那个大沟就是河啊。没水了，没有漫。开口子，年岁多了，五六十年了，开口子时我也是八九岁，在庆头南边，口子不小。口子有水就开，没人管，没淹到咱庄里，口子在河东了，淹了有10里地。咱这离滏阳河有十七八里地，庆头就靠着滏阳河，隔得远不知道（滏阳河开口子）。没水库，（灾荒年那年）没有（水库）。

传染病，没听说，灾荒年没有（病死）。有要饭的死在半路上。霍乱，没有听说过。蚂蚱啊？反正那几年有，从南来往北走，我还打过蚂蚱来，那时候我9岁。大队里村长让出去打蚂蚱。没了？邪快，没几天就没了。

龙泉村

张登起

采访时间：2007 年 10 月 3 日

采访地点：鸡泽县鸡泽镇龙泉村

采 访 人：王 凯 周 俊 于 璠

被采访人：张登起（男 83 岁 属牛）

我上过四五年学，在东营上的，当过三好。有八路，有日本人，不能上了。我 11 岁上的学，后来父亲不在了，他在东营。轰的把 3 家房子崩没有了，父亲的胳膊都崩没了。小时家里 3 个哥哥 1 个兄弟。地倒不少，七八十亩地，就是不打粮食。种的庄稼，高粱谷子都不打粮食，一亩麦子打两三扁担。粮食不够吃的，没有就吃高粱窝子。咱村里没啥本事，光种地，打土坯墙。1963 年水过来了，淹了，这几家都淹了，吃的都没了。

日本人来时我十一二岁。（日本人）没来这个村，在鸡泽城来过。在河西打机关枪，日本人从邢台过来时打的枪，没去看，都害怕，跑王青去了。从家里做了饭往那儿送，几家人都在那儿。见过日本人拿俩簸箩，这边那边来回要。

日本人在村里没有杀过人，在西边沙阳那杀过人，杀得不多。日本人没来这个村。日本人也出来，日本人和皇协军联合起来，保护日本人。鸡泽城东北角有日本人，三四十个人。在村里抓过人，抓鸡泽城去了，让谁走就谁走，把我也抓去了。那年记不清多大，在我们村里把我抓去了。宪兵队打东营过来的，他说是地主，把我抓走了，到了鸡泽城，不说实话打，问有钱没钱就打，打得不轻，拿皮条板子啪啪的打，都打肿了。住了一个月，抓的人多。抓了卖粮食，村里有炮楼，在那儿住，受罪，吃不好，关屋里，不小的屋，拉屎尿尿都不让出来。一个屋里有二三十人，有家人送俩窝窝头，日本人不管饭，拿钱赎人出来，1000多日本票才回来。村里有八路，也要粮食，日本、八路两边都要。八路要粮食在村里存着，走到哪儿吃到哪儿。关一个屋里的大部分是男人，本村的。皇协军抢东西、粮食，送鸡泽城里了。日本人不抢，本乡人抢。日本人从人家国里弄来的，不吃咱们的。有人被抓到日本，不多，咱村没有。东营有一个，姓刘，刘老夫子是他哥哥，当劳工被抓走了。叫你干啥得干啥，干活呗。

灾荒年那年逃陕西榆林，饥荒没吃的了去的那儿，十来月时下的，走到邢台坐火车，没钱，借了几块钱坐车，跟自家哥哥去的，那个嫂子在那儿住着。荒年怎么情况忘了，旱了。（1964年又旱了）逃荒时我有二十一二岁。春天不下，过了五月下雨了，下了七天七夜。村里房子倒得不轻，我没家了，在邻家住了。院里的水到膝盖，在水里捞了个织布机，下雨下的，大水漂过来的了，河开口子了，西边的小河，往西2里地。后来国家又挖了那个河。灾荒年死人不多，村里没先生。西边住的一个人病死了，叫张某某，二十几岁病死了。埋村东边了，身上不胖。没听说他肚子疼。灾荒年时有霍乱，我哥哥得了霍乱，日本人还在呢，找先生给治，治不好，没医生，上哕下泻，吐白水，得了没几天就死了，死时十一二岁。没出门，在家得的。俺不知道。村里还有没有别人得这病。

采访时间：2007年10月3日

采访地点：鸡泽县鸡泽镇龙泉村

采 访 人：王　凯　周　俊　于　璠

被采访人：张双亭（男　83岁　属牛）

梁淑凤（女　81岁　属兔）

问：小时几口人？

张：八九口。

问：有兄弟姐妹几个？

张：6个，4个姐1个哥。

张双亭（左）、梁淑凤

问：小时家里种多少地呀？

张：30来分。

问：粮食够吃的吗？

张：粮食不够吃，不是淹就是旱。十年有八九淹。

问：村里发过水吗？

张：牛尾巴河。村里比河底还低，有水就来。河开口子有3里地，离此十来里。

问：您上过学吗？

张：上过几天学。

问：什么时候开始的？

张：11（岁）开始，上一年，在东营村，日本（人）来不上了。

问：咱村有过日本人吗？

张：13岁日本（人）来，在鸡泽东营去平？没从村里过。

问：您亲眼见过日本人吗？

张：卖馒头，在鸡泽整天见，有30来人，其余为皇协军，住在杨家。

问：这日本人抢粮食吗？

张：日本人出来不多，在我村不多，在邢台的日本人多。在此要粮食就给，所以不抢。皇协军抢，日本人自带大米、罐头，不抢。

问：日本人多吗？

张：皇协军有百十来口，警察所有几十来口，炮楼也有，都吃这边的。

问：那咱们村有八路军吗？

张：八路军要得少，村里有一个。

问：日本人在咱村杀过人吗？

张：这村杀得不多，城里多。我被皇协军捉过，好打。

问：为什么捉您？

张：我说没有八路，半路把我一枪撂倒。摔了好几个跟头，逼我说八路军，带我去警察所。

问：那咱村里打过仗吗？

张：这村没打过，王庆打过，不大。

问：日本人跟八路军正规军打，还是游击队打？

张：都是游击队，警察院。

问：日本人从咱村抓过劳工吗？

张：这村没抓过劳工，东营刘老田、城里杨老敬被抓到日本下窑，日本败后回来。

问：灾荒年时您多大？

张：灾荒年我18岁。

问：天气？

张：下小雨，七天七夜。春天下雨不多，旱，秋天下得多，七八月开始，种麦后淹了，又种了第二回。

问：是下雨淹的，还是河里发的水？

张：下雨就淹，河里没来水。地里（水）脚脖深，村里水不多，房子不淹。

问：咱村里死的人多吗？

张：咱村里死的人不多，受罪不少，没得吃。

问：咱村里有逃荒的吗？

张：逃荒的不少，我没去，饿得慌。

问：有病死的没？

张：他（叫张登起）哥哥，得霍乱死了，其余得不多。之前没听说过，之后不多。

梁：西街死了好几个，几天就死，吐泻厉害，上来半黑夜就死，不好治。我们那俩老婆子十来岁，不到明天就死。邻居死了就让埋，不让丢，怕传染。

问：西街多吗？

梁：死了两三个，日本人还在，不管，没有人来治。日本人知道这病，不让丢。

问：见过日本人吗？

梁：我 81（岁），属兔，18（岁）嫁过来，过了灾荒年嫁来，在西街经常见，喝醉了不少打人，不杀人，拿刺刀把头砍掉，捉住人说没有良民证，说是八路军就砍掉，远远见到，不知是什么人，挖个坑把头砍掉。

问：见日本人多吗？

张：远远躲开，关城门怕八路，西北南都关，只开东门，城门有日本人，皇协军站岗，不鞠躬就砍，不讲理。

王青村

采访时间： 2007 年 10 月 3 日
采访地点： 鸡泽县鸡泽镇王青村
采 访 人： 李　龙　李　斌　解加芬
被采访人： 王兰印（男　78 岁　属马）

王兰印

八月二十一下雨下了七八天。光记得那会儿下雨了。村里没进水，光村外有水，水也不深。山水下来，这又下了好几天，连山上下来的水，连下的雨，河里开口子。就那个老儿口子开了，我没去过，在西南边。我光知道那年老儿口子开了，这一片都淹了。断不了有得病的，记不清。

灾荒年那年得霍乱病，这事儿我知道，霍乱病多着了，我记不清是谁。这个村里有霍乱，这一片哪个村里都有霍乱病。那会儿书起得霍乱病，叫王书起，人家去给他扎针，我去看了。拿那个三棱的针照小腿那一扎，那血滋滋地就出来了，扎小腿血管。我看的时候有十二三岁大，放出的血是黑色，他得病的时候就跟个死人一样，放点血就好了，没见他吐泻，反正不能动。别人再没见，有多少人得霍乱不知道，光看见这一个。他最后治好了。他得这病，上来就不知道事儿了，时间很短，再一放血，说好就好了。不放血就死了。霍乱转筋都是这种病，都这样说。

采访时间： 2007 年 10 月 3 日

采访地点： 鸡泽县鸡泽镇王青村

采 访 人： 李　龙　李　斌　解加芬

被采访人： 王荣身（男　76 岁　属猴）

王荣身

民国 32 年我在家，没啥吃。庄稼没收。先旱后淹，旱到阴历八月，后来淹了，高粱还没上籽就淹了，高粱、棒子都淹了。那时没人管，一过来水，牛尾河就开了。就在亭自头那开口子，就是老几口子。民国 32 年村里没上水，把庄稼淹了，地里有高粱了，半熟的时候淹了。死的人多着呢，死人多，那时生什么病不知道，60 多年了，记不住了，得不得霍乱说不清。得病当然有，连饿什么的，村里还能不死人，我家没人病。

村里有逃荒的，多往山西走，有去石家庄的。有不回来的，有回来的。阴历过了五月就不中了，领着大人、小孩走了，到六七月份就开始饿死人，没啥吃，就饿，那时地里不种麦子。一直没有吃。我家没逃荒。民国 33 年春天我出去了，都没得吃出去的。出去的有谁家说不清。

采访时间： 2007 年 10 月 3 日

采访地点： 鸡泽县鸡泽镇王青村

采 访 人：李　龙　李　斌　解加芬

被采访人：王同元（男　80 岁　属龙）

王同元

民国 32 年我在家卖窝头，在家也是困难着了。地里没收粮，咱这都是旱地，没有水浇地。后来有下雨，八月二十一开始，一共下了七八天，下淹了。那会儿国家不管，你死活没人管。咱西边这个河上边一有水，这块儿就开了，下雨下的。口子是永远开着，没人管，水一大就淹出来了。那个口子在风正那儿，西南 20 来里地。那时候听说开了两个口子，一个说是亭自头那的老儿口子，一个说是风正那一个口子，西南边。那个时候我都去过，去堵过口子，八路军也堵，日本人也堵，两头都干的一样的工作，都去堵这个口。那会儿我就十好几了，日本人叫我去堵的，日本人来这要人，咱就得去人。这两个口子我都去过，那个时候我正是好劳力。一下雨地上就有水了，那时候咱这不能种棒子了，光能种高粱了，高粱不怕淹，好歹能坚持。家里没进水，街里也没水。

有人得病也没法治，村里连个赤脚医生都没有，人饿的得了浮肿。咱这有霍乱病，就是灾荒年那一段，我母亲就得霍乱病，咱村里有人给她扎扎，扎出点血就好了，扎腿弯儿。放出的血黑色的。我母亲没有吐泻。人家说她得的是霍乱病，咱听人家这么说，就知道是霍乱，那时候也没有个明白人。几月份得病都忘了，水淹以后得这个病。得我母亲这病的人估计还有，这是咱估计，但咱不知道是谁。见过穿白大褂的日本医生。

王双塔

采访时间：2007 年 10 月 3 日

采访地点：鸡泽县鸡泽镇王双塔

采 访 人：王占奎　张文艳　滕启亮

被采访人：董心记（男　78 岁　属马）

董心记

我没上过学，三岁五岁的时候上过私学，不认字，一直住这。灾荒年是民国 32 年，天旱，十来个月不下雨，没水井，净旱地。一年没下大雨，不能种庄稼，苗都不长。那时还没 20（岁），我 15（岁）出去当的兵，20（岁）回来的。下雨我就在家来，那还没去咧。记不准下了多久。

下了几天雨，不是说长流，几天就下去了，洼地里有水，高地里没水。咱这逃荒的还不多，一过滏阳河来东逃荒的多。

干烧不出汗，浑身烧得站不住，就是灾荒年得的那病，反正得的不少，就在灾荒以后，10 个里有 1 个得那病，吃吃养养就好了，也有死的。没有治那种病，不传染。霍乱，没有听说过。蚂蚱，三五年就生这个蚂蚱。闹水是 1963 年，地上全是水，不是净下，南边过来的水。那会还没这个海河来，只有牛尾河。那河轻易不流水。沙河、民河都隔不远地，现在沙河不流，民河还流。开口离着有七八里地，开了口子往东流，在牛庄、庆头，离着 5 里地。那年头记不准了，自己见的，记不清了（多少岁），十来岁的时候，当兵之前。滏阳河长流水，跑船，河里船跑天津，离着 18 里地。日本（人）在这就长流水，日本人不管这些船。

采访时间： 2007 年 10 月 3 日

采访地点： 鸡泽县城关乡王双塔

采 访 人： 王占奎　张文艳　滕启亮

被采访人： 侯令臣（男　81 岁　属兔）

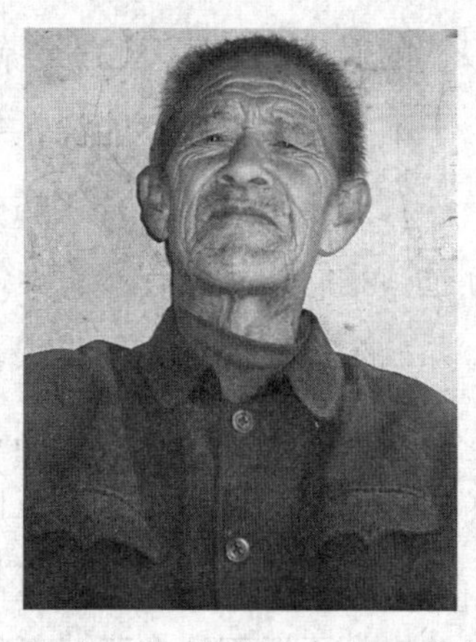

侯令臣

我上过几天学，我上学那会儿日本人在这。民国 32 年灾荒年，地里不收，没人敢上。地里旱，一亩就（产）几十斤，下了七八天雨。就在夏天。

没有传染病，有过预防，有医生，灾荒年没人看医生，能力不行。不是传染病。我 19 岁参军。日本（人）走我参军，就那一天，几号不记得了。就是 1945 年。当兵去过临江（音）。

父亲 60 整去世的，饿死的。民国 32 年去的北京，去卖衣服了，逃荒的多，咱庄有逃到山西的，去北京没有。

1963 年发的水。灾荒年没发过大水。原先村西有牛尾河，源头在滏阳河。牛尾河不发水。滏阳河发水闹不清了。

灾荒年下了十几天雨，井里有水，地上水不多。灾荒年闹蚂蚱，大蚂蚱。吃谷穗。又蚂蚱又下雨。蚂蚱一茬一茬的。从小长到大，从不会飞到会飞。

采访时间： 2007 年 7 月 3 日

采访地点： 鸡泽县城关乡王双塔

采 访 人： 王占奎　张文艳　滕启亮

被采访人： 王　勇（男　78 岁　属马）

我一直住王双塔，没上过学，灾荒年（是民国）32 年，老天不下雨，13 个月没下雨，下雨是民国 32 年七月里，下了七八天呢，地上水不多，下的慢雨。从民国31年就不下雨，天旱麦子不打。井少，不能浇，靠天吃饭。庄里有一百二三十户。灾荒年病死的多。霍乱没听过，我们这儿没有。

王 勇

东边死得多，旱得很。有逃荒的，少数的，没吃的就逃，去山西，我去过，后来去的。那年有过蝗虫，两三回。灾荒年有大飞来。生蚂蚱时我十几，有日本人，我去修马路来，干活不给东西，还打。

日本人抓过民工，还有抓到日本的，我奶奶的一个侄子就被抓去。那人死在日本了。还有抓到北京的，叫王兴唐，当时30多（岁）。也是干活，后来跑回来了。已去世。

民国32年还没发水，当时只有牛尾河，不大，小河沟，流到北边。河挖了没几年，六几年，发水时还没挖，叫海河。事后牛尾河就填平了。

魏青村

采访时间：2007年10月3日

采访地点：鸡泽县鸡泽镇魏青村

采 访 人：李 龙 李 斌 解加芬

被采访人：祁运栋（男 81岁 属兔）

祁运栋

民国32年，我逃荒逃到祁县，在那待了一段儿。下雨下了七八天，接接连连不停。房子都下漏了。八月里下雨。有得病的，病死的不少，就是瘟疫啦，传染，那会儿都说是霍乱病。也没有好医生，得了那个病就得死，连吐带泻，跑茅子，多着咧。那时候也没有好医生，光是有病，就说是霍乱转筋。我见过霍乱转筋。××（一个人的名字，听不清）他家就伤亡俩，要是活着的话都100多（岁）了。记不清多少人得霍乱了。得霍乱请先生都没人请，得了就是死。

民国32年淹了，村里净水。八月里下雨。（老人耳背，无法继续采访）

采访时间：2007年10月3日

采访地点：鸡泽县鸡泽镇魏青村

采 访 人：李 龙 李 斌 解加芬

被采访人：魏炳顺（男 82岁 属虎）

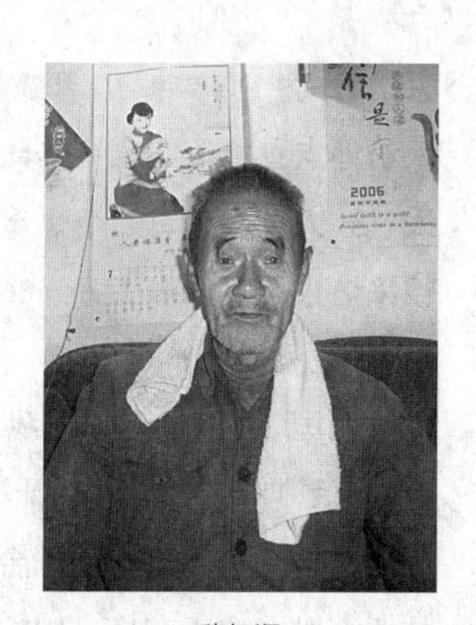

魏炳顺

我在鸡泽上的学，十三四岁时上的学，后面年景不好，我就回家了。那时年景都不好，就是喝个糊涂，吃个萝卜。民国32年吃得不中。生活不行了，吃啥啊？吃麻糁，棉花打了油那个麻糁，吃了都不能咽。俺村光饿死的人啊有好几十口子，五六十口子饿死。饿得走路都没法走了。

民国32年我在家里。我家能置个钱儿，卖年糕，出去能置3斤小米，就顾着家里这七八口人。这七八口人就吃这些东西。

那年旱，收不来东西。后来下了雨，八月九月的，反正就是八九月份吧，下了雨就能耩地了，下得不是很大，下了好几天，好像两三天。淹了，民国32年淹了，河南来的水，郑州那带来的水，水都流到这来了。水不大，淹得不大，街里刚刚流水，家里没水，下雨那前后淹的。淹过之后没人生病。

灾荒年得病的多了，饿的，吃不到东西，就得病，浑身肿，吃不到东西浑身就肿。没有传染病，就是浮肿病，没听说有霍乱病。

附近河开口子就是老几口子，俺这就是老几口子淹俺这。就是民国

32年，老几口子，在西南十几里地，那叫牛尾河，南边一下雨水流到牛尾河，牛尾河这个水就出来了，淹俺这。北边这十来个村都淹了。东营、西营、龙泉、王青、俺这、崔青、马坊营都淹了。开口子没人堵。开口子那个地方是亭自头，是那块儿。民国32年我没记得滏阳河开口子。好像开了一回，在阎庄、东于口那开的口子，不是灾荒年那年。

采访时间：2007年10月3日

采访地点：鸡泽县城关镇魏青村

采 访 人：李 龙 李 斌 解加芬

被采访人：魏翠山（男 86岁 属狗）

魏翠山

民国32年灾荒年，我在家。我去山西背高粱，叫（日本人）查着了，就没收了，上人家的火车不是，到邢台上火车到山西祁县背高粱，拿小布换，咱这边的粗布卖给人家，买的一些高粱。上火车，日本人查不着，就回来了；查着了，就没收了。我去背了好几次。北京也去过，去背点落生饼回来也能吃。落生仁，花生。

咱这逃荒的还少，山东的多，他那没井，这村里还有井，能少浇点，（地）不能都浇上，三个沟能浇上两个沟。逃荒的从这边过，都从东边来的。啥时候也从这过。俺这还叫他进村，到南边那都不叫进村。俺这你要从这过就叫你过，想要喝口水吧就叫你喝口水。俺这跟山东都挨着呢，离得都不远地。没有饭，有榆树，捋榆树叶叫你吃。饿死的多嘞，本村饿死的也不少，反正饿死点儿。不死个二三十啊。

（那年）淹啦，种的麦子也淹了。到种麦子的时候才下雨，下七八天。咱这秋分种麦子。先前一直没下，12个月没下。那七八天下得不小。下了雨，西边一个小河开的口子，没人堵，西边的牛尾河，开口子那地方离咱这十四五里地。老大一片的下的水都归到那个河里，河里装不下，崩了。这个河流不及，口子就开了。那个河朝俺这边开口子，朝东边开，淹俺这。下了雨以后，在地里划个沟种麦子。（下雨）井里水都满了。地上的水不大。家里有的进水，有的没进水。下雨的时候我在家，家里种着地，有粮食。有的人家有粮食，有的人家没粮食。我家有粮食，种了 12 亩谷子，刮南风就朝北倒，刮北风就又倒过来了，没死，后边下了雨了就长起来了。

（下雨的时候）咱们这个村子里吃的都不多。有饿死的。他没井，就没啥吃。病是有，少。就是饿的病。下雨以后没有得病的，后面下了雨了，麦子种上了，到了第二年五月里麦子收了，就没事儿了。有病就是肺疟子，一病到时就上来了，过会儿就下去了，就没事儿了，一上来就烧得光说胡话，得这个病的不死。有霍乱转筋，啥人也有，老人也得，年轻人也得。我就得过霍乱转筋。要是厉害的，上来一会儿人就没啦，要是不厉害的，持续一两个月才下去。要厉害的，就烧得你昏迷不醒，浑身颤颤。烧死的少。我是日本人在这的时候得这病的，谁知道是哪一年。

民国 32 年这不下雨吗，潮湿，就得那个病。我得的那个病不厉害，得那个病身上就是烧，烧就是冷，冷就是烧，最后慢慢就好了。有人治，也不中，就是拿点药吃吃。霍乱转筋还厉害，不一阵儿就要了命了，说死就死了。这两个病不一样。咱村子有霍乱转筋，那些人都死了。不知道谁得过这个病，都忘了。这村里有个叫老广子，人家治霍乱转筋，“是法不是法，先找四腿弯儿”，拿大针按两腿这个大筋扎，流点血就好了。他给我也治过病，就是扎腿上这个大筋，胳膊弯儿这个大筋，腿弯儿膝盖后面那个大筋针破点儿，这就好了。拿针扎个窟窿流点儿血，流出来的血黑，黑色的就是病得厉害，我扎针流出来的血也是黑血，稍微黑点。我得那个病不吐也不泻，不抽筋，也没事儿，挑挑就好了。其他人都得过。霍乱转筋跟发疟子这都是一个事儿，天气潮，又荒又潮，这个病就上来了。我见过老广子给人治病，就是挑，挑舌头里边这个筋，他辈儿比我小，我叫他老广哥。老广子还治霍乱转筋，给咱村的人治霍乱转筋，治的人还不少，他说是霍乱转筋。

魏京常

采访时间： 2007年10月3日
采访地点： 鸡泽县鸡泽镇魏青村
采 访 人： 李　龙　李　斌　解加芬
被采访人： 魏京常（男　72岁　属虎）

我灾荒年在家，生活都不中，没得吃，吃糠咽菜，萝卜缨子。没水浇，以前没有化肥，没井。旱得不长苗。民国32年小淹。那会儿都是霍乱病。霍乱就是霍乱转筋。得霍乱的就是哕泻，不抽筋。我没见过得霍乱转筋的人。

魏佩高

采访时间： 2007年10月3日
采访地点： 鸡泽县鸡泽镇魏青村
采 访 人： 李　龙　李　斌　解加芬
被采访人： 魏佩高（男　74岁　属狗）

民国32年八月下雨，下了八天。之前不下雨，一口气儿旱到这儿，就没收成，那就是靠天吃饭。那会儿没有井，不能浇地。人有逃荒的就逃荒在外边。我那会儿小，跟着俺爷爷俺奶奶，俺父亲和俺娘都跑到山西买食了。那会儿俺村人少，才300口子人，壮年人都在外边来回跑，到山西，到北京，买卖，回来买了粮食。俺村实际上没死多少人，没东边山东府、邱县府饿死的人多。咱村没大死人。人饿得面黄肌瘦的，后来得伤寒病。得这个病不出汗，人不出汗能行吗，就伤亡了。别的病都是饿的，饿毁的。咱村到底死了多少人那咱记不准。

下雨以后淹了，地里有水，村里没进水。鸡泽南边亭自头开口子，离俺这有一二十里地。那会儿皇协军老日子在这，没人堵它。下了雨以后，八月里到第二年春天，这个人都顾不住了，都出去逃荒。下雨之前在家还能吃一口，吃点野菜。

日本人跟咱中国人一个样，就是说话听不懂。日本人来村子就是找八路军，抢东西。

没听说有病，别地方的人都说霍乱病啦，这个村没听说有霍乱病。我就在俺村见过伤寒病，没几天就死了，人抬出来埋，我可不看了。

民国32年灾荒年，在家就吃点野菜。我那会儿才十来岁，到地里拽点刺儿菜。咱村逃荒的人不多，有往山西逃的。北边俺婶子，她领着一个叔伯兄弟，比我小一岁，还有一个爹爹，都领着朝山西走了，过了民国32年以后回来了。他们逃到祁县，山西省祁县。我没去逃荒。俺爹跟俺娘出去了，我就不出去了，我跟俺姐姐在家，俺一个二姐姐那年也饿死了。俺爹娘到山西祁县去背点粮食回来吃。跟家带点儿旧衣裳卖卖，卖卖回来。那会儿俺家好几口子人，还有俺爷爷、俺奶奶。

旱得厉害，春天麦子就没收，麦子后来就烧了，那都干，不结籽了，使它当柴火烧。头一年就旱，到八月十几就下开了，下了八天，下到八月二十六就过来水，淹了。西边的河没人堵，发大水了，流过来。那会儿都叫牛尾河。西边有个洺河，那里边的水到了牛尾河。在鸡泽南边亭自头开的口子，离鸡泽县城有五六里地，离俺这有十来里地。水往北流。咱这南边高，过来水都是从南边过来，东西是西边高。下边都是山。向南没淹到平乡城，向东流到滏河根儿底下。滏河那年没有决口子。滏河要是决口子水能淹过来，那会儿常淹，跟南赵寨，邯郸东那边过来，俺这有一个村叫南赵寨，滏河在那边好开口子。民国32年那开没开口子我说不清，反正1956年那开口子，我还去堵了。民国32年那年水不大，街上没水，地里的水顶到我膝盖这么高。没几天，十来天水就下去了。那年编的那歌，孩子们都唱："灾荒年真可怜，老天阴了天，下了七八天"，儿童团的小孩都学这个歌。

下了雨种不上庄稼。下雨的时候好赖吃一口，不能吃好的吃赖的，俺那个二姐姐饿死了，她不吃菜，给她拽的野菜她不能吃，就饿死了。她是民国32年正月里饿死的，下雨以后饿死的。村里饿死的人多不多我不知道，我只知道俺一个姐姐饿死了。没听说有人生病，不知道谁家有病，咱也不串门。再加上那一会儿人也少，两头使劲，皇协军和老日子一过来。

伤寒病就是人饿得不能出汗，就得病了。民国33年春天里人得这个病。西边有一家都得伤寒病了，家里四五口子，剩了仨，死了仨，灾荒年的事儿。他们从外面回来后得的病。五月里回来，回来好割点儿麦子，八月下完雨麦子种上了，到了第二年五月回来割。村里老百姓光说他是伤寒病，那也没个医生检查什么的。咱这个村里没听说谁得霍乱病。没见过谁上哕下泻。

西关桥

采访时间： 2007年10月4日

采访地点： 鸡泽县鸡泽镇西关桥

采 访 人： 李 龙 刘付庆生 解加芬

被采访人： 吴半截（男 78岁 属马）

生活不好，吃菜。这里一般能生活，还过得去。到了滏阳河通着的东吴芝水库，滏阳河以东都饿的逃荒要饭。那边没井，靠天吃饭。天不下雨，逃荒的都逃到山里面去了。一年没下雨，到八月里（农历八月一日）老天阴了天，七天七夜面条子雨没停。雨平地三尺深。沟里七八尺深。不流，这么多水都是下雨下的。河没有决口。有生病的，得霍乱转筋。人死得不少。上来就死了。不知道事。下雨潮，把房子都下倒了，十个房子倒了六七个，空的矮的老的房子都倒了，只剩下好房子了，人都跑到地主家去了。地主遇灾荒也给农民一些没人要的粮食，他们怕大家急了抢粮食。

霍乱跟“非典”一样都传染。60 年就得上来一次。霍乱治不了，有能耐的人，怎么治的不知道。没见过得霍乱的人。家人没人得。我自己治自己，其他人不管，只管自己家的人。俺这村没人死的，其他村得霍乱的不少。

牛尾河还有口子，以前开的，现在还在。

见过日本人，县城里有部队住着。看情况日本人有 100 多人。我在县城里给日本人干过零活。我给皇协军干活。没见过穿白大褂的日本人。见过日本人给打防疫针的，整个城都打，打胳膊，下雨之后。也给皇协军打。日本人打。我也被打了。右胳膊一针，左胳膊一针。我打针之后也没事。有人害怕，没打也没事。都在街里打。都说日本人没安好心，没大有人打。有良民证才给打。只给城里的人打，不让外边的人打。霍乱是在打完之后，城里没人得城外有人得。日本人下命令去打，皇协军给打。日本穿白大褂的看着徒弟打，培养皇协军打，需要时给指导。

城里是年轻人都被抓去当皇协军，不去不行。啥也不给，白当。有抓去日本的，县城被抓去日本的有十来个。东北城有个杨老经（死了），有死在日本国的。杨老经是地主家的，什么都不会干，只会拉弦子（二胡）。一个褂子上有五六个补丁，在日本饿得走也走不动。他啥也不能干，还挨打。

西营村

采访时间： 2007 年 10 月 3 日

采访地点： 鸡泽县鸡泽镇西营村

采 访 人： 王 凯 周 俊 于 播

被采访人： 高太昌（男 82 岁 属兔）

康素民（女 84 岁 属牛）

问：什么时候来的？

康：15岁，日本人已经来了。头一年日本人来又走了。第二年，我14岁，日本人还在乡里，四处跑。这才有姑姑，在这住了半年，就这个嫁了。

高太昌（右）、康素民

老头子17岁就扛枪走了，先去城里待不住，投八路了。走了40里扛不动，有个战友帮他扛枪。走了40里，送后方医院当护士。

我20岁就找他去了，不敢走公路，怕日本人。鸡泽贯庄有个荣林娘，死得很可怜。八路军过河了，把俺留工厂了，谁也不顾谁。张队长、万队长、何处长开了信，把我送工厂了，做军衣，小粗布，一个工厂两台机器。没机器，净手做的。穷八路军，穷八路军，部队有啥俺有啥。过了年，我去了，我一直在工厂，跟八路一样待遇。工厂先在正文，后在正西。离城10里地外就是八路军。日本人在炮楼里。那边有地道，八路军知道路，日本人不知道，不敢出来。走到柳向村边，喊船，把我们接过去了，又送到西边，在正文住着，后来工厂又在正西，还是永年县的。工厂在正文时，开追悼大会，柳营长牺牲了。人都来了。那回是和日本人打仗，柳营长刚结婚20来天就死了。工厂里70来个人，后来搬正西，部队过黄河，扔了工厂，要不我们就是老工人了。在工厂待了一年半。过了黄河，八路去了山东，离河南近，待了一段时间。

高：是刘伯承总领导人。四旅十一团，是后方护士，给人治病，是军医，会治病，有手艺。

康：是在后方给军人治病，后来调前方当军医，过河时回来了。

高：灾荒年你在哪儿？

康：我在后王庄，21岁，住个小草屋，腊月初五去的。可苦了，吃粗粮，煮饭吃，一天不动，织布挣两个棒子，5天10个算一份，能值1块。

问：灾荒年有吃的？

康：自己过自己的，他一年也没回来。

问：灾荒年怎么过？

康：没法过，没吃的，食堂里管饭，是八路军的。灾荒年不是淹就是旱。解放前有一年沟里净蚂蚱。

问：什么时间长蚂蚱？

康：秋天，蚂蚱吃谷穗，那年我在娘家住着。

问：那年这儿下雨了吗？

康：下得大呢，上过水。是蚂蚱以前，围着城净水。日本人放的水，也有下雨的水，是城河的水。日本人的飞机，3个、6个、9个一伙儿，扔炸弹，轰了净土，看不见人。飞机过去了，我们就跑，跟着俺娘跑窟窿里。城乡那边里面坑里有水，到黑了，没有飞机了，坐簸箩里跑这个村跑那个村。日本放的水围的城，外面没水。机关枪在外面响，俺在屋里，八路军没在城里。

问：灾荒年流行过病吗？

康：有霍乱，我十几岁时有的，焦作那边。

问：霍乱是怎么回事？

康：上来没什么救的就死了，李孟先在当县长，日本人还没来。

问：见过得霍乱的人吗？

康：没见过，见过他的家里人。在王庄住着时，秀东的爷儿俩得霍乱死的，拉肚子。不知道霍乱怎么回事。

问：咋治？

康：谁也治不起。

问：这边有很多这样死的？

康：不多，饿死的人多。热死了，过了五月天热，有个老婆肚子没饭去地里拔草。

问：爷爷治病治啥病？

康：挂了彩他就治病，上药。

采访时间：2007年10月3日

采访地点：鸡泽县鸡泽镇西营村

采 访 人：王　凯　周　俊　于　璠

被采访人：张杨氏（女　84岁　属鼠）

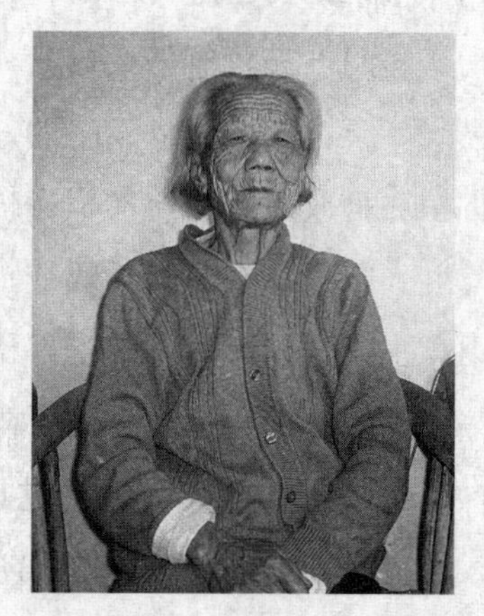

张杨氏

我没有上过学。这边灾荒民国32年八月来的，三年没下雨，头一年旱，二年生蚂蚱，三年大雨淹，黑夜白天的下，昼夜不停，七月初一到八月初四。逃荒到这边来的，树皮、树叶、野菜都吃了，什么都吃了，三年没长粮食。下雨下得房倒屋塌，土坯房都倒了，一共剩了三家。逃荒的要饭，（去）陕西榆林，饿死的可多了。

村里得病死的咽不下气，痨病，上哕下泻，抽筋，吃草药，一长病3天就死了，4天死了3口。叔伯奶奶、叔叔、嫂子死了。没见过他们得病，小时候听娘说的。感冒狠了叫伤寒，能不难受，浑身冷，嗓子干，头疼，不起疙瘩，吃草药。那时候救不了人。起疙瘩叫出疹、水痘、脓疮。那时死人不少，老辈有死，我这辈不记得了。往后有共产党了，没事了。

那时没河，这个河是共产党挖的河。是曲周县的事儿，怕淹的都上树了，饿了好几天，掉河里都淹死了。后来共产党来了，归邱县了。那时说日本人来了都跑了。解放了，有共产党了。见过一回（日本人），在大同见过。日本人在村里逮牛，逮鸡，没杀过人。不抓人，那时妇女不出门。没听过有抓去日本国的。

双 塔 镇

蔡 庄

采访时间：2007 年 10 月 1 日

采访地点：鸡泽县双塔镇蔡庄

采 访 人：王 凯 周 俊 于 璠

被采访人：蔡胜的（男 80 岁 属龙）

蔡胜的

这村一直叫蔡庄村，属河北邯郸市鸡泽县管，民国时邯郸是县，光武是府，管着十个县，邯郸、永年等。小时穷，上了一段学就不上了，不爱念书，拾柴火，念过《红灯记》。村里有学校，后来都到西仝村去了。日本人来了还有学校，上学的不少，女生不多，净男孩上的。

小时家里一个兄弟一个姐姐两个妹妹还有父母。种十来亩地，不够吃的，高粱、谷子、豆子、玉米，一亩收两三斗，靠天吃饭，老天下雨就种，不下就不种。有水轮子浇水就种两季。地主有水池浇地。咱村小，地主不多，最多家里也就有 100 亩地。村里那时有三四百口人，现在有 1100 口吧。归国民党管，没有共产党。我十来岁之后归共产党了。

日本人来时我十二三岁，这有个炮楼，五六里地外东边山岭也有。日本人没来住过，都是从山岭炮楼清早来，一天就走了。炮楼里有日本人和皇协军，人数不清。日本人在村里都是步行，穿黄色呢子，我见过日本人，日本人在附近练过刀，跟八路打过仗。这是灾荒年之后的事吧。不知道打得厉不厉害，那时我们都跑了，没人知道。日本人用刺刀挑死过人，一个老头，50多岁，穿灰衣服，说是八路军活俘就杀了，其实是老百姓。日本人抓过两个人去日本做苦力，一个没回来，一个死了。我西边邻居的爹回来了，叫蔡正喜，现在死了。还有一个带骨灰回来了，叫包黄来。日本人战败之后日本那的中国人都自由了。

灾荒年我一直在村里，家里有吃的，但吃不饱，被逼得吃糠。村里逃荒的不多，蝗灾不少，过了灾荒后生蝗灾，我记得蚂蚱多着来。地里多，秋天种的高粱谷子豆子，蚂蚱来了就把庄稼吃了。下了七八天雨，村里上过水，不很大，地里多，院子里也有水，没进屋。村民喝井水，钻井拔水喝，吃水的井有五六口，上水时有的井淹了，有的没淹。

灾荒年村里死人不多，平常不是灾荒年时也有人死啊。听说过霍乱但不是灾荒年，我20多岁时有，死的小孩多，这病老辈子就有。

上水是西边明山来的水，滏阳河后来也发过水，不淹这边。俺村西北那儿过了五月一年发两三次水。洺河年年发水，日本人在时也发，不过水流不到村里。

我当过生产队队长，20多年呢。日本人来村里就抢粮，皇协军跟着抢，是一伙的，经常来抢。

采访时间：2007年10月1日

采访地点：鸡泽县双塔镇蔡庄

采 访 人：王　凯　周　俊　于　璠

被采访人：蔡永胜（男　92岁　属蛇）

蔡庄村一直是这个名，属鸡泽管辖。我小时没上过学，家里8口人，父母，大哥，二哥，我是老三，一个弟弟，他现在也80多（岁）了。

蔡永胜

灾荒年我没有去逃荒，家里存了点粮食，要不都死了。下没下雨我记不住了，这都多少年的事了，发过水，是地里的井水，牲口圈里都淹了，就把水往外舀。灾荒年可不死了不少人嘛！不会水的被大水冲走了，咱房没倒，死得少。水很多，女人在柜子上漂漂就走了，会水的把不会水的救了。屋被压倒了，人骑着梁就漂走了。很多人是淹死的，上大水时洺河、肖河都有水下来，全村都是水，水冲下来，小孩没劲都淹了，年轻人有劲，老人小孩都冲没了。水往北流，毛驴也冲走了，人拎着人拎着粮的逃。

听说过霍乱，不拉肚子，抬走了就死了。得霍乱的不多，死得也不多。这病应该不能治。得了就叫先生来看，叫得不多，有治好的，有不得治的，不知道是咋治好的，没见到得这病的人。

东三陵

采访时间： 2007 年 10 月 1 日

采访地点： 鸡泽县双塔镇东三陵

采 访 人： 靳爱冬　张海丽　齐　飞

被采访人： 秦洪文（男　80 岁　属龙）

秦洪文

我没上过学。民国 32 年家里有父母、我、妹。民国 32 年分家，灾荒年 24 亩地。民国 32 年大灾荒，不下雨，天旱，棉花谷子种不上。民国 32 年，灾荒真可怜，滴滴连连下了七八天。

约在六月下的雨，谷子则抽穗，灾荒年都顾不住自己，父亲逃荒去了山东莘县，我也去了，民国32年冬天去的。当时日本还在这，且修了两个炮楼，一个皇协（军）住，一个日本人住，当时我十三四岁。

大雨下了七天七夜，不能进地，一开始大，后几天小。

1963年发过大水，民国32年没发。下雨后还喝井里的水，井水与地面平齐，附近洺河发大水，发水也淹不到这，牛尾河发水能淹到这儿。

那时有霍乱（转筋霍乱），村里因霍乱死的不多，可能死了一个。转筋霍乱起个大疙瘩，扎针出血就好了。民国32年就霍乱，日军在。下了雨就有霍乱，是地潮，吃不好造成的。

有蝗灾，高粱被大飞蝗一夜就吃光了。蝗虫很多，用手一捧就一把，鸡不吃。

日本人来扫过荡，不管受灾村民，在外村抓过劳工。村民不为日本人干活就被扣押。日本人和八路军在村里打过两次仗。

东双塔

采访时间：2007年10月1日

采访地点：鸡泽县双塔镇东双塔

采 访 人：张 伟 刘付庆生 吴开勇

被采访人：范书敬（男 83岁 属虎）

范书敬

我出生在双塔镇。

日本人1937年打了卢沟桥。日本人跟这里过了，没进来，仗是后来打的。

旱了3年，淹了3年。洪灾是民国32年。我记不清什么时候生了蝗虫。地里啥也不收，草也吃光了。去地里吃野菜。这村里十有七八逃荒去了。都逃荒了。别地也上这了。曲周的也过来了。推个，卖个十斤八斤的。

村里的人都走了，都没人了。有的逃去平阳湖（太原）了。死了很多人。每天都有抬死人出来。家都没人了，都死光了。霍乱病多的是1963年，医疗队都过来了。

民国32年得病的不多，都饿死了。日本人路过，抓的人不多，因为没人了。炮楼都修了，三里外有炮楼。这个地方是日本人管的。有的人被抓去修炮楼了。咱们村没有被抓去日本的。抓去的人有的死了。当时有土匪，后来没有了，灾荒年时还有，八路军来了就没有了。灾荒年都饿了，没有土匪了。

采访时间： 2007年10月1日

采访地点： 鸡泽县双塔镇东双塔

采 访 人： 张 伟 吴开勇 刘付庆生

被采访人： 贾战书（男 74岁 属狗）

贾战书

当时我爹饿死了，地也收不回来。别地的都来咱这要饭，咱们上山西，有几个老人饿死了。天一直旱，不下雨。十家有九家没饭吃。我们吃干草，刨草根吃野菜。我也下过山西，过了年，我灾荒年去山西了，过了三四年才回来。日本人来宰猪宰羊，还有土匪来抓人。我也跟日本人干过活，盖炮楼。在山西就找活干。那个蚂蚱过来，把太阳给遮住了。当时我家里还有3个侄子，父母兄弟都死了。民国32年下不下雨，记不清了。民国32年饿死的人多着哩！亲生孩子都扔了。也有得病的，浮肿病，霍乱的也有，肚子疼。用针扎嘴唇，腿窝。有很多都扎活过来了，死的人也多。我也扎过，我得病啊。我姑姑吃棉花籽死了。

日本人四五天来一回。一听说日本人来我们就跑。他们过来捉猪、鸡。还有皇协军。给日本人干活也没有东西吃，还挨打。

采访时间：2007年10月1日

采访地点：鸡泽县双塔镇东双塔

采 访 人：张　伟　吴开勇　刘付庆生

被采访人：赵伏北（男　81岁　属兔）

赵伏北

我一直在双塔镇。日本人来时我才十六七岁，我还在农村。日本人来村里了。村里东边有个炮楼还有个皇军炮楼。日本人六七个，皇（协）军多。

灾荒年是民国32年，没人种地了，都荒了。咱这边有井，能浇地，东边人都跑这里来。那边没有井，地打不出水。

民国32年很混乱，日本人来搅乱了。天旱，饿死人。这里逃荒的人不多，都逃到山西去了。天一直旱，不记得下雨了。日本人把这边都建了炮楼，我饿了就吃糠。到民国34年就有人回来了。有霍乱，是民国32年，死了人，光听说有霍乱，肚子疼，没人治，治不好。那个病传不传染就不清楚。有的10个人有8个人得病，但这个病不传染。灾荒年蚂蚱盖了一地，人把蛐蛐也吃光了。

日本人把炮弹打到村里。八路军在城里，连个枪也没有。一个区三四人，我们这是四区。有两个村长，一个专给日本人汇报的。有人被抓到日本，到现在都没有回，死了。叫贾吉高。

洪灾是1963年。灾荒年时我爹妈和兄弟都种地。我念过3年私塾。日本（人）不抢东西。皇（协）军抢东西。我们不敢穿好的。皇（协）军都是本地人。咱这没有土匪。东边的村有。

东仝庄

采访时间：2007 年 10 月 1 日

采访地点：鸡泽县双塔镇东仝庄

采 访 人：姚一村　李　琳　石兴政

被采访人：李桂卿（男　85 岁　属猪）

李桂卿

我上了十拉（来）年学。日本进中国以前上的。16 岁（时）日本进中国，把学散了。从小我不在这，我是富农，把我房收了，我跑到邱县开诊所，后来到这盖的房子，70 岁盖的。

我解放前在这个村。没逃荒，能吃饱饭。我住的是瓦房，不漏水。我家那时有 50 亩地，租给别人种。我父亲是老医生。

民国 32 年九月下的雨，下了七八天。没发大水。日本（人）进中国后，共产党叫群众挖河。我挖洺河挖了好几次，把洺河加宽。民国 32 年洺河没发水，滏阳河不知道。

民国 32 年有霍乱，脱水，吐，泻。把水鼓捣干了，就死了。下雨得病，一天就抬十六七个。（得病的）不论老少。日本人把我药抢了，当时我父亲是医生，在日本医校毕业。得霍乱都找我看病。用听诊器听听。那时候没针，把药抢了，也没法输液。治霍乱扎针放血，放出血就好了，放不出来就死了。治好的不多，传染。霍乱杆菌吸进去或者吃饭吃进去就传染。死了人埋到个人坟地里。没办法预防。苍蝇能传播。我看不是因为潮，是因为苍蝇传染。我父亲从日本回来开了医院，就带我。（霍乱）不是日本撒的毒，日本是来中国统治的，不是来杀人的。

灾荒年有蝗虫，逃荒的很少，都死外边了。

日本人在这儿时，我在家务农。我那时候去邱县行医十年，回来后到现在三四十年，没有出过村。

采访时间：2007年10月1日

采访地点：鸡泽县双塔镇东仝庄

采 访 人：王　凯　周　俊　于　璠

被采访人：闫常林（男　82岁　属猴）

闫常林

村子以前叫仝庄，是个老村了，属鸡泽县双塔镇管辖，小时家里五六口人，三个姐姐一个弟弟还有父母。种四五亩地，不够吃的就要饭。村里没有地主，西仝村有，我没念过书。

日本人来时我十二三岁，见过日本人往永年走了。人不少，走了一天，从西大路过来。没杀过人，后来用炮弹崩过人，不记得是哪年的事了。东边来的日本人从永光桥打来的弹。蔡庄村有条洺河那边打过仗，打得日本人不轻，日本人后来来报仇，没杀过人，但打死过人，拿棍子乱棒打死的蔡庄人，说是八路，其实是农民。扫荡时带走了一个到黑龙江做劳工，那边冷，最后冻死了，叫刘所，20岁。杨田向、史玉来等4个被抓到日本做劳工死了。1945年、1946年日本人走了。一个炮楼管几个村子，小寨、柳林口、永年、西北角有个松枝寺都有炮楼。

灾荒年困难着呢，老天不下雨，条件不好，用水轮浇园，旱了两年。邱县死的人多，饿得不能动了就死了。这边饿死的不多，主要有井，吃糠吃菜。我们十几个去邯郸做劳工，焦有福是汉奸，还是老乡呢，叫我们去日本，俺不去，下了楼就往外跑，到邯郸三里庄烧砖了，我藏那了，拿了衣服卖衣服，卖了买吃的回来了。

灾荒年没吃的，都向山西去了不少人。那边人稀，咱这地少人稠。旱了一年后第二年下了几天大雨，哩哩啦啦的，没上过水。有蝗灾，一沟子一沟子的蚂蚱，跟流水似的，人们都拿棍子捅。西北飞来的没在这儿等，向南走了，跟阴天似的，把庄稼吃光了，不露地皮，净蚱蜢。

没闹过病，没有霍乱，得病死的少，一共死了两个。死了后听说是霍乱拉肚子，那时不知这病是什么名儿，老辈子说的。村里没有中医，西仝村有，有那病就死了。共产党来了，有医生给治了。

我1955年入党了，18岁工作，村长代民兵连长，管300来个人。参加过1945年的山岭炮楼解放战，没打，见汽车来了，等我们到了，炮楼里没人了。日本人往鸡泽走了。1954年斗地主土地改革，后来我下了一线。

东臻底

采访时间： 2007年10月1日

采访地点： 鸡泽县双塔镇东臻底

采 访 人： 姚一村　李　琳　石兴政

被采访人： 李林芳（男　85岁　属猪）

李林芳

我一直住这，这村一直叫东臻底。

霍乱病伤人多着哩。七月份下的雨。民国32年大水到半胡同了，房都倒了。东南有一个老河，牛尾河，永年北边，现在改道了。

民国32年我在苹果园看苹果，西边一股水，东边一股水，淹这个村。我在过道里挡水。水把那个缸都漂起来。门房都倒了。不知道哪来的。

民国32年我在家咪。从邯郸过来人验灾荒的，南边广武城修了个碑。到那儿不能走，水太多。

逃荒的有，院子里的草一米多长，不收庄稼。“受了潮湿，人人得霍乱”。俺二叔得霍乱了。头天好好的，第二天就不行了，急病。

李荣昌

采访时间： 2007年10月1日
采访地点： 鸡泽县双塔镇东臻底
采 访 人： 姚一村 李 琳 石兴政
被采访人： 李荣昌（男 77岁 属羊）

我没上过学，一个字不认识。一直住这个村，没逃荒。

光下雨下了七天八夜，一直不断。八月份吧。没记得发水，也不记得河发水。

下雨以后得了霍乱，闹不清症状。有治的，有不治的，不治反正毁了。那时候医生少，都是穷人，治不起。自己见有人上吐下泻，人死了都埋。上来了就一唠一泻，自己见过。闹不清死多少人。那会儿不知道传不传染。

打蝗虫时用棍扎个皮条就打，打不完，多得很。

逃荒逃到山西，那边有饭吃。有走的没回来。俺全家都在这没逃荒。我还小，才12（岁）。

田心元

采访时间： 2007年10月1日
采访地点： 鸡泽县双塔镇东臻底
采 访 人： 姚一村 李 琳 石兴政
被采访人： 田心元（男 86岁 属狗）

（我家）穷，念不起书。不是党员，那会儿党员少。

民国32年霍乱病，上来不能救，救也救不及。上唠下泻。雨下了七天没停，哩哩啦啦，上面房漏，下面门湿，人可苦了。

13个月没下雨，光旱。后来又下雨了，下了七八天，都下毁了，到处都漏。没发大水。那时候连鞋都没有，穷。

下雨是个头，不下雨时人都开始死了。逃荒来还，都走不动。那时我小，躺在床上七八天，水米不进，连饿带病，得了霍乱。让人扎针，血流不出来，又换了个大粗针，血才流出来，好了。我领了牲口上地里捆高粱，回来就病了。病了十来天，转筋霍乱，腿肚子转筋。传染。腿疼，受不了。都是着凉。

那会儿我两个哥哥，一个姐姐，俺爹俺娘，都在。就我自己得了霍乱，正下雨时得了。村里大部分都是这个病。天潮才得这病，治不起就死了。点不着火，不能烧水，喝生水。后来井水不能打了，就喝雨水。人都走不动了，哪有力气打井水？

喜明、喜增、三桃园、四桃园（人名）都死了，光这一轱辘（这一带）就死了30多个人。外边咱不知道。

民国32年以后生过蝗虫，厉害着来。

有八路军，气门瓤（力量弱），不敢撑腰，救不了这灾。

日本人住炮楼上，村（指东南方）那边有炮楼。民国26年日本人打鸡泽城，人都打散了。日本人一上村里，农民都跑了。见人不中了就打，就是不打小孩。

皇协军有，日本人的走狗，跟人家吃点儿喝点儿。人家日本人不要粮食。

土匪光打有饭的（地主），不找穷人。

该没有逃荒的啊？民国32年到哪儿都不行，又回来了。俺那个姨兄弟，三海长都被抓日本了，都没回来。

采访时间：2007年10月1日

采访地点：鸡泽县双塔镇东臻底

采 访 人：姚一村　李　琳　石兴政

被采访人：王喜云（女　81岁　属虎）

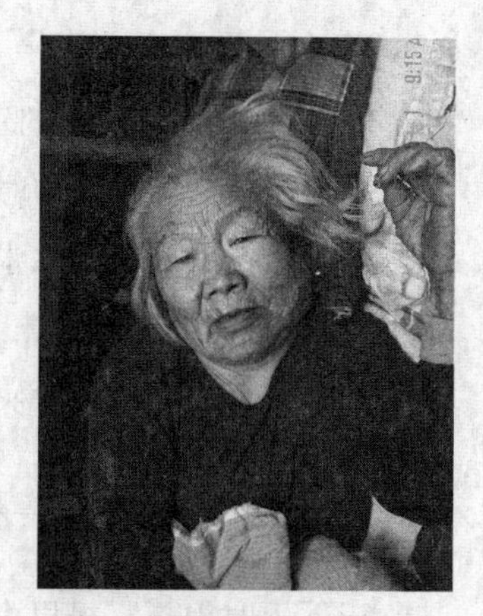
王喜云

头一年我过事（结婚）了，第二年就过灾荒年。灾荒年就是民国32年。第二年去地里拽刺刺菜，清早吃了饭就走地里拽菜，干完活回来后，我奶奶在家择菜，掺点糠面榆面。民国32年我在这个村。民国32年秋天荠荠菜挤点，苦啊，苦得不能吃。一天两顿饭。

六月十六（阴历）雨下来了，大雨下了几天。南边那坑流了多少水！水到俺这个村庄过去了，就跟个河样，外边的人都看不着村，把李家村都冲了，就没人了。那会儿我在李家村要饭。大水从村前边坑前过去了，可死了不少人，冲了村子。下雨下了几天。从东南方往这流，谁知道咋来的，吓死人了。冲得像个河一样，都没人了。谁知道滏阳河哪开的口子。

下了七八天哪，俺家里晒了点枣，下雨都浆了，也不能做饭，饿急了就吃那个枣。那村有多大啦，村里十个就能抬出去俩，抬出去就埋了。那一年霍乱死的多着哩。霍乱来了七八天。那时都是平房，漏得不能吃饭，谁家冒烟，就去谁家点火，用布条摞摞就点点儿火，做饭吃。

像你年轻人，可享福来，对年轻人讲，他还以为你说疯话哩，就不带听这个啊，谁信啊？孩子他爹13（岁）就去窑，干活，可苦啦。那先，我像你们这个年龄，正受罪哩。那时也像这天一样（外边小雨）。屋里全是水。

南三陵村

采访时间： 2007年10月1日

采访地点： 鸡泽县双塔镇南三陵村

采 访 人： 靳爱冬　张海丽　齐　飞

被采访人： 王青海（男　84岁　属鼠）

王青海

民国32年，家里奶奶、父亲、两个妹妹、弟兄两个，家里没地了，一亩也没有，父亲与我都当兵。1938—1949年参军，太行山待了三年，八路军一二九师。15岁当兵，灾荒年在当兵，太行山上经过灾荒年，奶奶也没了，父亲出去，兄弟也当兵，弟弟是团长。

太行山上老打仗，百团大战。灾荒年，子弹从眼下穿过。1945年，腰上受伤。1946年在山东与国民党打仗，胳膊受伤。一二九师在太行山上吃棒子面，很少吃白面，过年吃两天。听说过霍乱，南申底霍乱多。老下，潮湿。村西南面有两个炮楼，柳子口一个，小寨一个。永年的日本军多，离太行山200多里地，1945年从此撤离。

（我）在太行山的内丘养伤，养护条件不好。一个月后又回部队，不能吃饭，喝面糊，整一个月。没有在家乡打过仗，在山西河南山东打过仗。

南臻底村

采访时间：2007年10月1日

采访地点：鸡泽县双塔镇南臻底村

采 访 人：姚一村　李　琳　石兴政

被采访人：赵青山（男　77岁　属羊）

赵青山

我一直在这个村住。上过学，是退休教师。1958年入党。解放后上的学，当时16岁，在村里教过学。当时这四个臻底是两个村，一个北臻底，一个南臻底。北臻底又分成3个地方。这个地方还是南臻底。那会儿人少。

民国32年灾荒，咱这边有井，能浇地，还好点儿。东边还严重。当时村子800多人，也有逃荒的。七月一日，西北阴了天，接接连连昼夜不停下了七八天。（歌词）下得这个人啊。得霍乱病。霍乱病就是上吐下泻。是阴历七月一。前半年旱，后半年下雨，没淹。没发大水。西边有洺河，水不大，没过来。1963年大水，也是洺河。滏河来水。当时水不深，灌不进井。当时有洺河，后来老河道填了，种上庄稼，又改新河道了。老河道从村南就过。

下雨后闹的霍乱，主要是潮湿，生活不好。死的人不少。难受得很，吐黄水。人不行了，从胳膊弯儿狠扎，不出红血，出黑血。我也放过血。治好的多，比死的多。有一个老头给我扎针。我也得霍乱了。用粗吊针磨成三棱尖儿，一扎就好。天气不好，潮湿又吃不好，才会得病。我母亲也得了，治好了。不知道传不传染。哪也有。村里得病的不少，有病死的。

当时有人逃荒，我没逃。三天两头闹蚂蚱。民国32年秋天生了蚂蚱，飞着飞到山西太行山。“呜呜”过飞机一样，月亮天也看不见。

炮楼在这村南边，离这里只有把里地（一里多），周围挖个沟。先挖了一个沟，后来又挖一个沟。住的日本鬼子。后来又住了皇协军。都来抢粮食。有土匪。八路军也打皇协（军）。当时有寨门，墙丈把多宽，八尺多高，用泥垒的，门是木头的。挡土匪的。人过不来。老百姓自己盖的，这是日本人来以前盖的。后来下雨就不中了。清朝末年建的寨。

当时八路来了听（百姓听八路军的话），八路军是为咱服务的。日本（人）来了，老百姓都保护八路军。共产党政府在西柳湾，有个黄营长，八路军领导的，在这一片挺出名。打炮楼听说是三十二团黄营长，名字咱不知道。

永年有黑团，明抢老百姓的东西。后来八路军来了就随了八路打日本。八路军一走又随了日本（人）打老百姓。自己组织的，不是日本组织的，是土匪武装，挺厉害。村里老百姓自己组织的红枪会、大刀会，打土匪的。

见过日本飞机飞，圆翅。

西三陵

采访时间：2007 年 10 月 1 日

采访地点：鸡泽县双塔镇西三陵

采 访 人：靳爱冬　张海丽　齐　飞

被采访人：王群宝（男　83 岁　属牛）

王群宝

民国 32 年，家里 8 口人，兄弟、两口、妹妹、父母。有三十几亩地，地里收入少，不够吃，灾荒年更厉害。民国 32 年好长时间没下雨，井也干了，不能浇地，苗都枯了，大旱，旱了八九个月，阴历五月下的雨，连下七八天，房子都被淋倒了。这里常发大水，民国 32 年没发，村附近常过船。发大水时，日本人还没来，二十几岁日本人在地里西南方向修了炮楼，修了两炮楼，日本人和皇协军各一个。灾荒年过去了。在本村里见过日本人，他们常来，要吃要喝，皇协军和他们一起来。这里有八路，少。

日本人是秋天走的，八路军过来，他们就走了。日本人乱打人，在炮楼上往下打，有被打死的，日本人恣意妄为。有人打水浇苗的时候就被日军打死了。

灾荒年有霍乱，肚子疼，不大会儿人就糊涂了，死了很多。有扎针的，扎胳膊结，出黑血就好了，百姓自己处理的，没有医生。我自己得过，扎好了。没唠泻，只肚子疼，因下雨潮湿而肚子疼，腿不胀，称为霍乱。村子里原来 300 多口，因霍乱而剩 200 多（口），死的至少也有十几二十多个。不知道是不是传染。家里的小孩也得过这个病。

日军装绿色军装，帽子有扑扇的。日军军装也不一样，有警卫团、特务团、治卫队、和团，我是文盲，不知道这里部队的番号。八路军没枪没子弹，只有一个手榴弹，跟日本打过，游击而已，非正式战。骗他们的子弹，不跟他们实打，吓唬他们，使他们不敢出来。日本人给打针（少），不知什么针，在村里。打针防病（疫苗），吃过日本给的药，红药豆，有绿豆大，有黄豆大，给两三粒，不多给。日本人在村里集合开会，有病的打针、发药。日军装绿衣服，有戴口罩的，有不戴的。

日本炸曲周时见过，有红月亮，飞机飞得不是很高，炸的人多着哩。以后很少有。没见过日本飞机扔过什么东西。有土匪，头“少城”，一百多人，自成一伙，绑架，要钱。

日本人不给吃的，日本人打针给药在灾荒年后，不收钱，上面指示的，不知道具体时间，大约在灾荒年后一年，可能是民国33年，日军的药顶用。不知道因霍乱病死的人有没吃日军给的药，自己见过死的人，死时症状不知。

扎出黑血，一下子蹿出来，一个疙瘩大小，人说是霍乱，有医生传说的。本村有稍通医术的，为村民扎针。邻居给我扎的针，人家学过，扎针不要东西。

民国32年前就有蝗灾，蚂蚱多，赶到沟里打，民国32年严重，从北面来的，都没长翅膀。

村里有逃荒的，我没去，从外地买吃的，自己想办法挣钱，卖衣服。

滏阳河自己崩过口子，记不清哪年，从西南过来，在灾荒年后。淹的地方有七八尺深。自己做的船，不是大船，有的地方不浅或没水，村里井没淹，我们喝开水。灾荒年吃树叶，榆叶。村子被淹，村外淹人，村里洼处淹了，高的地方没淹。我们挪到高处去，没吃的，死了人，不多。大水发在灾荒年后，那时20多岁，发水时炮楼那就没有日本人。

日本人在村里也抓过劳工，灾荒年后日本人快走时被抓到日本国，知道的去的都回来了。

采访时间： 2007 年 10 月 1 日

采访地点： 鸡泽县双塔镇西三陵

采 访 人： 靳爱冬　张海丽　齐　飞

被采访人： 王维新（男　80 岁　属龙）

王明新（男　73 岁　属猪）

王维新（右）、王明新

民国 32 年家中 6 口人，剩下 4 口人，父亲精神病，老奶奶、奶奶、母亲、妹妹。民国 32 年种地不能种，家中有牛羊，老杂给抢走了，不敢出门、下地。家中无劳力，父亲有病，弟妹还在。民国 31 年、32 年一直受罪，家中无吃的，收 120 斤。日军要公粮，伪军也要，没吃的，树叶、杨叶再煮都苦，吃麦糠。

地里吃野菜，日本人在，不能去地里，一去见着就打枪，申地有驻兵，住八路军。得给日本人探秘，抓人去当密探，不说就打，沟里是棍子，挖炮楼的沟，修土马路，烧澡堂的水，往小寨修路，光有干活的事，没吃的饭。

从东边过的霍乱病主要为民国 32 年，民国 31 年有个铺垫，民国 32 年要命年，民国 31 年旱，民国 32 年阴历八月种苗都晚了，接连下了七八天，种粮食已晚了，浮肿病，一捏一个坑。

村里死的霍乱病不多，多为曲周，曲周来此逃荒，不能治，传染，霍乱肚子疼，不撑时就死了。“痧烧子病”得了就肚子疼，走不动，民国 32 年没添小孩，“痧子霍乱”扎针，出黑血。

日本进中国 8 年，在鸡泽 6 年，日本（人）民国 31 年、32 年来鸡泽，村中的玉王庙扒掉，建炮楼。日本人打死就白打死。村长是八路军政治委员，日本人对村长扎窟窿，吊在炮楼中，打死，扔在沟中，要活埋。村里人都去，一出村就打枪，村里人哭，要活埋村长。

民国32年无决口，下雨天不能种地，晚了。下雨了，没淹，土房子都塌了。民国32年受冷受热得霍乱，饿死的人多。日本人要公粮，不给打预防针，不发药，日本人穿黄军装、皮鞋、钢盔。日本人吃大米不吃中国粮食。日本医生没来过村子。

蝗灾（是民国）31年，无翅，蚂蚱，齐齐地蹦，有的飞有的蹦，飞的不从此落，遮住了太阳。

逃荒的人这个村子不多，有出去的就没回来。逃跑，以山西、临汾、曲周去得厉害。有抓到日本国的，解放后又回来了，去给日本人干活，拖去的，干慢了就打，不给吃的。

吴官乡、八家寨有抓劳工的，本村没有。有土匪，年轻人当，抢东西。

采访时间： 2007年10月1日

采访地点： 鸡泽县双塔镇西三陵

采 访 人： 靳爱冬　张海丽　齐　飞

被采访人： 王玉福（男　74岁　属狗）

灾荒家里十几口人，家里有30多亩地，盐碱地一半，好地一半，改造河后盐碱地改良，灾荒年小麦长得矮，割都不能割，用手薅，连秆不到200斤，不产粮食，一棵麦有两个粒。不是旱就是涝。

民国32年，灾荒到眼前。八路军编的。雨下七天七夜。房子都淹，人扒住窗户，屋里也漏雨。

西申地得霍乱的抬不及，霍乱严重，三陵的不严重，少吃无喝，自己小不记得，只知道找点东西吃。

霍乱，肚子疼，胳膊捋一捋，出黑筋，扎针，弄不好就死了，不知道为什么叫霍乱。

西双塔

采访时间： 2007 年 10 月 1 日

采访地点： 鸡泽县双塔镇西双塔

采 访 人： 张　伟　吴开勇　刘付庆生

被采访人： 贾鸿彬（男　74 岁　属狗）

闫双珍（女　76 岁　属猴）

贾鸿彬（左）、闫双珍

我 7 岁时日本人进来了。来村扔炸弹，俺鞋也不穿就跑。后来解放当解放团团长。民国 32 年发大水，又生蝗虫。永光村不发水。当时吃的都没有了。先淹后旱。民国 32 年下了七天七夜。咱的房子都崩了。过年连个馒头都吃不上。很多人饿死了。吃糠，我记得我娘背了回来。村里（永光村）逃的多，俺不逃，永年饿死的人多着咧！特苦。

这个村死得少。那一年西臻底有霍乱。一家一家都死了。肚子痛，要扎针，扎不住就死。永年村也有霍乱。我们就吐。日本人来了把啥都拿光了。二信的被抓去日本了，死的人多，也有回来的，二信的回来说，他现在还在，快 80（岁）了。有两个村长。一个八路村长。

我上过学，在永光村天主教教堂教唱饥荒歌。

贾运起

采访时间： 2007年10月1日
采访地点： 鸡泽县双塔镇西双塔
采 访 人： 吴开勇　刘付庆生　张　伟
被采访人： 贾运起（男　80岁　属龙）

我18岁当了兵。灾荒年日本人来抢东西。民国32年旱了。第二年五月份就好了。我跑到州，家里人没有去。村里逃荒的人也少。东边的村子饿死人很厉害。曲周、邱县那边都很多，咱这里少。臻底那边得霍乱的多，肚子疼，病没得治，治不了。日本人抢东西不常来。有被日本人抓去干活的，下煤窑，到武安（邢台市）那边。

在村子里当的兵，是刘伯承和邓小平带的兵。这里有日本人也有八路军，也有土匪。

西仝庄

田仁生

采访时间： 2007年10月1日
采访地点： 鸡泽县双塔镇西仝庄
采 访 人： 王　凯　周　俊　于　璠
被采访人： 田仁生（男　77岁　属猴）

这村以前叫南双塔，后来分成东、西仝村。解放后斗地主改了，属河北邯郸鸡泽管。小时家里十来口人，父母，我自己，上辈子有五六个人，一家人住在一起，土地大部分由地主掌握着，自己只有几亩地，粮食不够吃，叔叔大爷给人出工，一年给三四布袋粮。

民国时这儿归国民党管。日本人不在这村住，1948 年日本投降，1949 年建国的。那时我十六七岁，见过日本人，穿黄大衣，牛皮靴，当官的骑马，小兵步行，日本人有炮楼，这里是沙顶炮楼，管好几十个村。日本人抓人去修炮楼，要钱赎人，日本人没杀过人，不打不骂就抓人要钱，日本人也喝当地的井水。楼里 10 来个 20 来个人不一定。日本的炸弹炸死过人。各村有共产党，要有人去炮楼报告，要交钱，不报告不交钱就放炮。村里有地下党，没正规军，还没来。在村里的西南角，日本人和游击队打过仗，日本人从南边大扫荡过来，从永年城来，两方面一个在河南边，一个在河北边，就打开了。日本人败了走了。

灾荒年我没逃荒，有点吃的，叔叔大爷伺候地主，地主给点粮食，不太多。村里有人卖儿卖女给有钱人的。记不清了。死的人不很多，东边逃荒过来的有死的，那时这边还有点收成，别处有来逃荒的，村里还不赖。

灾荒年旱，井都干了，下水时都淹了，八月份下雨，晒得枣都胀爆了，哩哩啦啦的下了三五天，房子都成土墩子了。柴火都淋了，房子也漏水，也有泡倒的。上过水，西边山里来的水。这村里没淹，西边有条河把水堵着了，水就过不来了。有霍乱，下雨潮湿吃得不好就得病了，那时难过着呢！日本人都把粮食装走了，我们吃糠野菜，收不了粮食，喝点就粥。听说过没见过霍乱，没有大夫没有药。

我 1946 年介绍入党，日本人那时还没走，在村里当副书记，帮八路军要公粮，要得不多，收不上来。要得有限，要了就上缴村里。

西臻底

采访时间： 2007年10月1日

采访地点： 鸡泽县双塔镇西臻底

采 访 人： 姚一村　李　琳　石兴政

被采访人： 范新增（男　88岁　属猴）

范新增

我念过书，小学毕业。解放前上的学。一直住这个村。民国32年灾荒，下大雨，下了七八天。八月三十一下的。那年在家里。民国32年没传染病。没发大水，光下雨。洺河没走水。

（旁一人说）洺河改道30多年了。

采访时间： 2007年10月1日

采访地点： 鸡泽县双塔镇西臻底

采 访 人： 姚一村　李　琳　石兴政

被采访人： 施清秀（男　90岁　属马）

施清秀

我一直住这。念过三四年书。念国语、上下《论语》、《中庸》、《大学》。

民国32年在家，没逃荒出去。灾荒年吃的净菜、糠。俺这个村饿死的少。解放前四个臻底是一个村。闹不清村里多少人。

民国32年大旱，八九月里下雨，接接连连下了七八天，平地水到膝盖深。民国32年西边洺河有水过来。这个河现在没有了。洺河开口子。

滏阳河没朝这开口子。（洺河）村西南开口子了。水不大，雨老不停，下了七八天。逃荒的有，少。喝生水。

得病的可多了。因为下了七八天，没吃的没烧的。有长疥疮的，浑身痒，着湿潮。有霍乱病，有治好的。上来浑身愣（很）疼，肚子疼。得霍乱的也不少。不传染。大夫可少，扎针。灾荒年没蚂蚱。民国 32 年以后这的年景还可以。

永光村

采访时间： 2007 年 9 月 30 日

采访地点： 邯郸市鸡泽县西木堡村

采 访 人： 张文艳　王占奎　唐继良

被采访人： 佚　名

我娘家永光，离这里 12 里地，我 21（岁）嫁过来的，不知道是民国哪年。小时候娘家那边有井，能浇地。娘家 6 口人。

灾荒年才穷来！不知道是哪年。那时候还在娘家来，不知道咋回事，生蚂蚱，都不能见人了，不知道从哪飞来的。那是民国 32 年，过来两回。旱得不落雨点，一年一年不下雨，连个井没有，草籽不见。

有一年下了七天七夜，是民国 32 年。下雨受了潮，很多人得病，雨后霍乱，说这个病叫霍乱，拉肚子，小孩多，老人说的，快病传染，肚子往上抽，然后拿针扎，出血就好了。

吴官营乡

程官营村

采访时间：2007 年 10 月 2 日

采访地点：鸡泽县吴官营乡程官营村

采 访 人：张文艳　王占奎　唐继良

被采访人：逄秀山（男　84 岁　属鼠）

逄秀山

我没念过书，种 29 亩地，自己的地。种高粱、谷子，够吃。灾荒年我一个大哥到冠县要饭，回来背的高粱面，要一天（饭能）吃四五天。冠县是好年景。

灾荒年先旱后淹，是民国 32 年。我那时十七八岁。旱得（庄稼）不长，春天下雨。都淹了不少，水没地方流，下了七八天雨，水在地里泡着，水很深，庄稼少。用井水浇，庄稼就长了。房顶都卖了，木头卖了就换吃了，别人买去盖房子。

灾荒年没传染病，都饿的。有生病的，不记得了，谁都顾不上谁，还管这个。870 口变 780 口。村里的井数不上来了。东厢饿死的人多，因为没井。

春天生蚂蚱，我当时十几岁。蚂蚱有翅膀，飞走了。

村里没河，离滏阳河五六里地。秋天滏阳河开口子，河在风正开口子，房子不要紧，庄稼都淹了，当时我十来岁。

卢文起

采访时间： 2007 年 10 月 2 日
采访地点： 鸡泽县吴官营乡程官营村
采 访 人： 王占奎　张文艳　滕启亮
被采访人： 卢文起（男　75 岁　属狗）

我没有（上过学），在外待了十来年，9 岁出去的，民国 32 年灾荒的时候，是去逃荒的。头一年旱，第二年淹了。13 个月没下雨，下了就淹了。

民国 31、32 年灾荒年。农历七月下了 40 来天雨。地里净是水了，村里没河，就东边一个滏阳河。我 9 岁时跟着人贩子走了，不是 1944 年就是 1945 年，那时日本人还在。

都逃荒去了，有往山西去的，往哪里去的都有，去太原的多。闹蝗虫那时候我不待家了。有得病死的，没粮食吃了，有了病就死了。听说过霍乱转筋，那时我还小咪。我 1947 年从山西跑回来时听说的。听说有的地方死的很多。听说是霍乱转筋，得上就死，很快。我们这儿伤寒的多，伤寒病也严重，都傻了。你也不敢去我家，我也不敢去你家，都不敢串门了。

见过日本人，他们穿黄衣服，没见过穿白大褂的。日本飞机，双翅的，两层的，炸完平阳城就没来了。

王兴华

采访时间： 2007 年 10 月 2 日
采访地点： 鸡泽县吴官营乡程官营村
采 访 人： 王占奎　张文艳　滕启亮
被采访人： 王兴华（男　80 岁　属龙）

我念过书，是村里的小学，上过两三年。灾荒年都逃荒了，没啥吃的，死的人可多了，那时我十五六（岁）了，从八月二十六开始，下了七八天的雨。吃蚂蚱，那时候可多了，人没粮食。前面没下雨，闹过旱灾，好几个月吧，从八月二十六才开始下。有饿死的人，好多人逃荒，有去沈阳四平街的，有去哈尔滨的。那里有日本人。

采访时间：2007年10月2日
采访地点：鸡泽县吴官营乡程官营村
采 访 人：王占奎　张文艳　滕启亮
被采访人：邢银秀（女　82岁　属兔）

邢银秀

记得灾荒年那事，饿死人多了咪，小孩都饿死了。民国32年大灾荒，前半年旱，后半年淹，一连下了七天，房倒屋塌，地里净水，七月里，七月初一。孩子都饿死了。那年很旱，滏阳河旱得都没水了，上面截住了。下雨以后就逃出去了，有去平阳府的，有去山西的，有去寿阳的。灾荒年之前村里都有人，那会里还没有300人，200多口人。庄上闹了灾荒就没什么人了。有得病的，没先生，治不起病死了，有得霍乱的、伤寒的，饿死的。没串门，顾不上串门。没医生，周围村也没有，城里有。皇协军过来了谁敢进城？平阳有个先生。没有听说过扎针放血。

蚂蚱是灾荒第二年来了，蚂蚱还可以过河，生过蛆。日本人没走，日本人在城里待了8年。日本人来抓民工，修炮楼，有（抓到日本的），叫张立古。日本投降以后，才把人送回来。劳工被抓去挖煤窑。当时的人死得都差不多了。

逢官营村

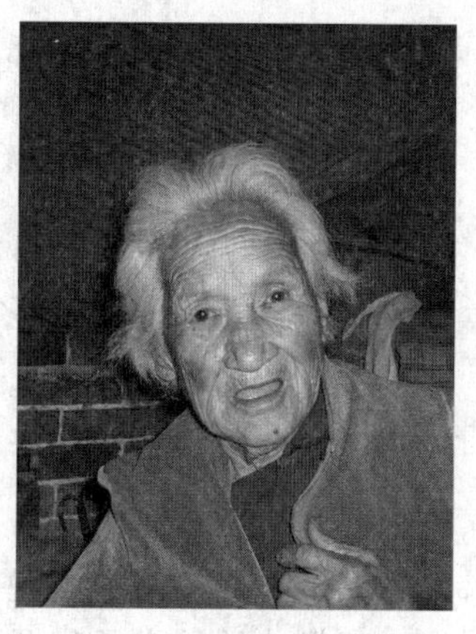
季　氏

采访时间： 2007 年 10 月 2 日
采访地点： 鸡泽县吴官营乡逢官营村
采 访 人： 张文艳　王占奎　唐继良
被采访人： 季　氏（女　95 岁　属牛）

我原来在柳官营，那儿是我娘家。来了 75 年了。我 20（岁）时来的。

灾荒年，当时我孩子还小，6 岁闺女，4 岁儿子。民国 32 年，当时去的邢台。偷点摸点。拉东洋车，我们一家去邢台。

（讲述生活艰辛，声泪俱下，听不明白。）

王东年

采访时间： 2007 年 10 月 2 日
采访地点： 鸡泽县吴官营乡逢官营村
采 访 人： 张文艳　王占奎　唐继良
被采访人： 王东年（男　76 岁　属猴）

1944 年参军，1955 年退伍。一直住这，曾在大别山待过一年多，说句不好听的，吃的都是抢的。日本人来时我 4 到 5 岁。

灾荒年我母亲死了，我父亲是农民。日本人来这扫荡，经常扫荡，他们扫荡从炮楼出来，他们来扫荡时（我们）就躲躲藏藏，我们基本没粮食。日本（人）和皇协军一起来。我见过日本人，穿黄军装，有穿白大衣的（先说没有，又说有)。那时我是九大队的，自己报的名，侦察日本啥时会来。九大队归田区长管，上级是杨庭会(音)。我从小好闹，当时没工资就混碗饭吃。见过日本飞机，见过轰炸机母机，叫飞艇。飞机没在我们这扔东西。打过平阳城。

听说过二十九军打鬼子的，还有游击，听说跑南宫去了。有穷地主。

1944年还是有扫荡的，1944年我走了，日本(人)不大来扫荡了。日本人抓人去修炮楼和城墙，不叫回来，不给饭吃。皇协军还要东西。唐山有抓到东北挖煤去了，之后就死了。

灾荒年，阴历八月二十一，下过七八天雨。都逃荒去了，我们在民国32年逃到山西了。逃荒时和部队没联系。民国32年，灾荒真可怜。回来家里没人，那时天气和现在差不多，逃荒从山西回来，回来什么也没了，回来后游击队给发了种子。

我还到朝鲜打抗美援朝，在山东队七六二团。是十一军。我当警卫员。

灾荒年，天气旱，没收成，用井水一棵一棵浇地，一亩地收100多斤就很好了。阴历七月十一下大雨，麦子种不上，下的雨大，外面的水还流来，一下雨就淹，水从山上来，我们这淹了，地里一踩就有水，水是快冬天才退，十月。下雨之前很多人饿死。都没啥人了。民国32年开始逃荒，我去时7岁，回来8岁，我回来时还有200来户。我民国32年以后走的。

山西那边好，我在那放羊，父亲看地，种山药蛋，会给钱，那人对我们挺好。我还跟人家住。我是逃回来的，就不在那儿了，相当于是卖出去的。

逃荒之前有得这病的，得痨病死的就是伤寒、咳嗽，没医生，有百十来人。就是咳嗽气喘。以前就有这病。是因为气候。伤寒听老辈说的。霍乱在我5岁时，听说用偏方治，有扎针放血的，就是转筋的时候扎。那时中医都这样，灾荒年以后就没有了。我是听人说的。有家弟兄8个都死了，有难受跳井的，不敢串门，怕传染，就他家得，传染。没听说周围庄上有这病。上辈传下的病名，那一辈都有这病，现在没了。

闹灾荒，皇协军、日本警卫队灾荒也抢。他们也灾荒，把庙拆了修炮楼，他们没有材料，叫老百姓拆。就是关爷庙、土地庙，庙挺多的。就是皇协军在炮楼住，还有警卫队，皇协军待遇好。都听日本（人）的，日本人在城里。

日本（人）不大抓人，没在我们这抓人。当兵都是自愿的，出来抢点东西护家。回来也不能活，有血仗。我 8 岁时回来。

更小时闹蚂蚱，从东南山东过来，蚂蚱把庄稼都吃了，我们挖沟逮。村里都打蚂蚱，有组织，村长也带着。

没八路也没有游击，还没过来，九大队在南边，还没过来。

离这儿最近的是滏阳河，1963 年几年雨季发过水，之前没发过，灾荒年滏阳河水不大。水是从永年过来的。

日本人在时，没抽大烟的，听说有卖料子面的，十有八九就是，是闻的，俺这村就有闻面的，在外面染上的，以后就没了，我们庄就他一个人吸。

郭　庄

采访时间：2007 年 10 月 2 日

采访地点：鸡泽县吴官营乡郭庄

采 访 人：王占奎　张文艳　滕启亮

被采访人：郭光裕（男　74 岁　属狗）

我上过学，一直住在郭庄，日本人来时 1937 年，卢沟桥事变，我才三四岁。当时家里人不多。当时没什么吃的。

日本人来了，我们就跑了，问我们要东西，谁给？不给就抢。

当时村里有指定村长，日本（人）指定的，村长不坏。1945 年以后就不敢出门了。成立了民兵，有民兵中队。我去看过，就在这村西边，有民兵开大会，1945年时，打完日本，他们变正规军走了。

日本人不打防疫针，没见过穿白大褂的，不在这住，也不在这吃饭，来了又走。日本人抓住人就要钱，还抓人去干活，不给钱去给他们修炮楼，住一个排，都是皇协军，日本人很少。

灾荒年是民国32年，那年天不下雨，地上干了，没井，直到七月初一才下的雨。旱得不长粮食，好多人都去逃荒了。

下了七八天，地上水也不是很多。没发过水。滏阳河在东5里地，河里没水了，干了。我们这灾荒年下得淹了，不影响（出行）。

以后才发过水。水库在邯郸西南。

滏阳河边也有炮楼，都是皇协军。当时没桥。八路在河东，河西也有八路，日本人也在河西。八路军很少，游击队的多，没正规军。灾荒年后我当过儿童团。

采访时间： 2007年10月2日

采访地点： 鸡泽县吴官营乡郭庄

采 访 人： 王占奎　张文艳　滕启亮

被采访人： 郭兰住（男　81岁　属兔）

我没有（上过学），当过兵，1944年当兵，游击战。之前在家，在外待了四五年。在盂县、阳泉北，在永安住了半年。灾荒年我待家里，民国31年、32年都是灾荒年。有爷爷有父亲，一下雨就淹，净水灾。我父亲就是民国32年死的。那年在伏天的时候，滏阳河东边，民国32年开过一回口子，热时候来（开的口子），那雨很大。那时候，一亩地打百来斤麦子就是好收成。连崩口子带下雨，在灾荒年的七月份下了七天七夜，春天没有雨。快收庄稼了一直下。

民国31年先旱后雨，不能浇地。浇了之后成盐碱地。饿死的人很多。灾荒后还剩200来人。都往山西逃了。那人都饿成那样了，更别说病了，得了霍乱转筋也不知道。当时离这3里有老医生，叫李兴春。伤寒、霍乱转筋那都有。一逃荒就到山地。民国32年正恶劣来，净日本人、皇协军，就住着日本人，治安军和皇协军都有炮楼。说不定几天来一趟。

灾荒年后有蚂蚱，过了四五年吧。还有促织，跟蚂蚱不一样。都有，它们吃麦子。平常也有，但是品种不一样。

日本人抓人，把我也抓去了，说我是八路军，其实我就是。后来我跑了。有人被抓到日本去了，叫大猛，后来日本投降就放出来了，不在了。是去当劳工，就在民国33年，他比我大五六岁。

过了民国32年以后，我们去当兵，在四〇二纵队。

郝庄村

采访时间：2007年9月30日

采访地点：鸡泽县小寨镇东范庄

采 访 人：李 龙 李 斌 解加芬

被采访人：范田氏（女 78岁 属马）

民国32年，那生活还能好了啊？出去抓抓，俺哥哥、俺姐姐，姊妹好几个出去抓抓。俺哥哥、姊妹好几个，都没有劲。俺（家）小子少，闺女多。出去抓抓，弄点吃，吃毛叶菜，见天吃，没别的东西吃了。见天跟着俺哥哥去，回来了吃点那菜。俺哥哥去摘那谷子、秕高粱，再磨磨；还整那个榆皮面，榆树皮磨成面。地里没粮食，淹了，跟这儿（东范庄）一个样。过了五月，高粱刚长籽，还不熟就淹了；谷子还生、不熟，就淹了。下雨下的。

下雨的时候，俺姊妹几个出去拽菜吃，见天去，一天去一趟，一天去两趟。有好点的（菜）拽好点的，没好点的拽孬点的，就是毛叶菜，那榆叶都是好的。（雨）下了有七八天，反正下得不短。你没记得有个歌啊？

“昼夜不停七八天”，这个谁不知道啊！俺那个房都下倒了。俺那个房跟这会儿不一样，还是个坯房。俺家就不好过。俺父亲得病，得病是得病，这个知道，得的是啥病不知道。以后治好了。（怎么治的）不记得了，好像扎了一回还是两回，还是喝的草药？没记得找医生，那时都没医生。不知道村里有没有得霍乱的，你看一个闺女家，那会儿又小，不打听这些事。

咱这没河，没开口子。饿死的人咱也不知道。人都逃荒，逃荒的有搁这过去的，还有搁这要饭的，是谁啊咱也不知道，要饭的搁这过，都往西边走，山西那，都往那边走。不在咱这，来这要点吃的就走了。没有在这住的，咱这穷。咱这西边十几里地就能（过），咱这东边就穷得不能过了。饿死的人也有，反正不多，咱不知道是谁。

贾庄村

采访时间：2007年10月2日

采访地点：鸡泽县吴官营乡贾庄村

采 访 人：靳爱冬　张海丽　齐　飞

被采访人：王东余（男　79岁　属蛇）

王东余

灾荒年我和母亲在家生活。七月里下的雨，村子里都是水，吃野菜过活。当时这个地方比东边的好。

当时街上有位小姑娘往东走，直叫奶奶，有个邻家，两个孩子（孟春、科春），没有儿子，把小姑娘养在家里，小姑娘叫奶奶，不叫娘，又把孩子扔在街上，小姑娘在街上跑了两三天，死了漂走了。孩子饿死的多。

哥哥当兵了，部队里发东西，有优待，村里另一位王心战也有哥哥，部队里的粮食发到吴官营。在村里找村长，村长给的，没粮食，只有菜糠，背回来，和母亲受罪，有个小锅。有吃的没烧的，吃不上东西。

1942年村子里有八路军公开，有民兵，掏地道、地洞，从西头到东头，往东和别的村相通，把路挖成沟，在夜间秘密作战，不敢大张旗鼓。1943—1944年，八路军就敢公开。日军在此8年，前4年公开，后4年就势气大减。我父亲是勘情队长、民兵队长。村长是王子福，父亲王明山。民国29年（1940年）阴历九月十六被日本人包围，王子福当即被打死，王明山被刺死。另外两个中弹，一共7个人，死了5个人，这就是日本人的暴行。我当过儿童团团长。

民国26年到鸡泽县，在姥姥家住，邢堤姥姥家。

1943年，民兵去催公粮，快黑时去，临前挨着城，有地下党，那时工作好做，已送回来，在路上发现动静，是民兵。1944年，组织了基干民兵，有枪，带红旗，普通民兵没有枪。1944年，民兵的牺牲历史。日本人来到吴官营，与此村相差1里地，到村里，大多数人逃走了，在村中东北角观望敌人行动，看着看着出现两个伪军去柳官营，到了没三五分钟开始打枪。东边一连四五枪，没哨声，出来了，出来后慌里慌张跑到吴官营，跑的时候连发两枪，到了吴官营村南口，剩了十几分钟，把吴官营的一个民兵打死了。

民国32年村里有霍乱，上吐下泻，腿转筋，村白宝成他爷也得了，死了些人，生活不好。前干旱，后下雨，潮湿，不厉害，死了几个，据说是传染。生活不好饿死，逃荒出去不回来，无影无踪，村中有几口逃到山西。

耩麦的时候不能翻，用犁子犁开种。民国32年河有决口，东南十多里，老杨底滏阳河，新村的村东，黄杨开口，水就过来，老杨底有开口，但淹不到这。开口时已有日本人。1944年，生蝗虫，一区（邢堤）区长马广德，生蝗虫后通知村长带着打蝗虫，挖沟，一到村，到滏阳河西边挖沟打蝗虫，到北口看蚂蚱情况，到毛庄头朝西，全是蚂蚱，到旧城全是蚂蚱。村的东头有湾，（蚂蚱）头朝东在过河，抱成团过河，回来后没多久挖的沟已经打满。第二道沟站着人打，又打满，柳官营有桥，干渠，中分干渠，正南正北，黑了全回来，批二天全没了，全变得会飞了，到村南边全是飞蝗，埋蚂蚱坑。第二天南边地全飞来，到了西边地，高粱地全是飞蝗，一斤蚂蚱换八两麦子，说走全没了，送饭吃，麦仁煮的，没人敢吃。蝗灾时日本人没露头。

采访时间： 2007年10月2日

采访地点： 鸡泽县吴官乡贾庄村

采 访 人： 靳爱冬　张海丽　齐　飞

被采访人： 王俊秀（男　96岁　属牛）

王俊秀

灾荒年我家里6口人。灾荒年是由于天的原因，地不收，天旱，不长庄稼，饿死了很多人。饿得有病的走不动了就死了。没东西吃，人不吐，没劲。没有霍乱。村里逃荒去了六七家，我没去逃荒，吃糠菜、野菜。灾荒年旱，没下雨，第二年下了雨。民国33年，有了收成，但村里很多都在山西逃荒。

村里发过大水，不记得是什么时候，民国32年发了大水，不记得具体时间了。1963年发过大水。

这边没有霍乱。灾荒年后蚂蚱很多，遮天蔽日。

见过日本人，我26岁时（可能），日本来的鸡泽城。日本人到处修炮楼。主要是皇协军欺压百姓村民。日军不怎么糟蹋村民。驸马寨、寺河口、邢堤村有炮楼，里面住的日本人不多。城里的日本人也就是五六个，主要是中国人。日本人来之前有土匪，以后就少见了。

本地有地下党，不敢公开，共产党不敢露头。

日本人在本村里抓了一个劳工，至今未归。抓去了哪儿也不知道。日本人没给中国人打过针、发过药，邢台那边的也不知道了。

采访时间：2007 年 10 月 2 日

采访地点：鸡泽县吴官乡贾庄村

采 访 人：靳爱冬　张海丽　齐　飞

被采访人：王秀森（男　81 岁　属兔）

王秀森

民国 32 年，家里有三口人，母亲、兄弟和我，母亲逃荒，地全卖了，家无一物。15 岁的时候我去参军了。灾荒年那年我在外边打仗，在费乡（曲周）、馆陶待过，好长时间。从这里过去到山东都闹灾荒，天旱，长不上庄稼。

下过雨（七天七夜），我在山东，山东、河北都是七天七夜。秋后，割了谷子后下的雨，七天七夜。村里死过不少人，有饿死的，有得浮肿病死的。有转筋霍乱，百姓伤人多着呢，传染，在山东潮城见过，冠县以南见过得霍乱的。对本村的霍乱情况不知道很多。当兵的也有得的，少。自己不知道什么症状，没见过，说不清，上级说它传染。没打过防疫针。不知道霍乱病的原因，听人说是霍乱，传染。

没听说过发大水。下大雨后，井没被淹，喝开水。1946 年当兵回来，日本人已经走了，负伤（在潮城少长庄），日本人打的，腿踝都掉了，腿现在都是死腿，不能动了。我参加游击战，打得过就打，否则就跑。

没见过日本人抓劳工。

靳庄村

采访时间： 2007年10月2日

采访地点： 鸡泽县吴官营乡靳庄村

采 访 人： 李　龙　李　斌　解加芬

被采访人： 金二荣（男　78岁　属马）

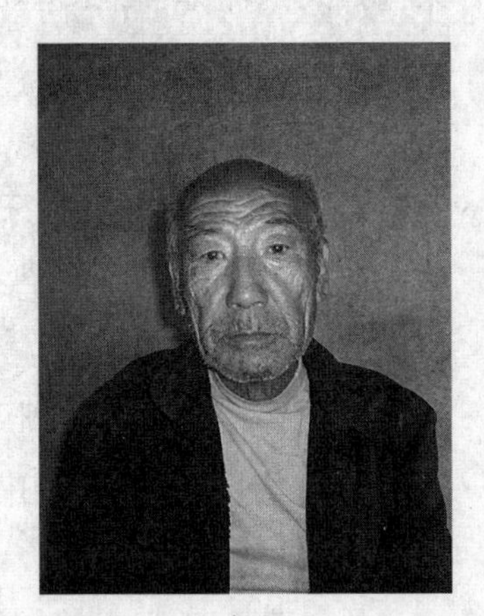

金二荣

民国32年在家，生活不中，水淹了。下了好几天，没地方排水，都淹了。下了七天雨。七月里下的雨，那不是有歌说是“七月一日老天阴了天”。庄稼还不熟，都不熟。谷子都给淹了。谷子、高粱啥的都有，都淹了，都不结籽。也没有吃的，也没有烧的，一天吃一顿饭，都饿着。咱这场儿没有逃出去的。一个村里可能出去5个6个的。下雨的时候我就在家。这个村里街里没上水，就是地里有水。那年饿死人多着呢，光小华子（音）家就饿死好几个呢，大名叫靳风华，她娘没死，她爹、她兄弟都死了，她妹子让人领走了，卖到山西。

十月里开始饿死人，淹了以后，有逃荒的，好几家子哩。西头那家子，叫什么记不起了，从山西逃荒回来的。老超子（音）也是逃荒回来的。还有老赵（音）。这都记不准了。那逃荒的不少。这些是前街的，后街还有逃的，多着哩。后街那个老张（音）、刘柱子（音）都逃了，还有二黑子，人不少。俺那会儿是220口，逃出去的有二三十口。俺这个村小，走了这些人，村里基本就没啥人了。都民国32年下雨之后逃出去。光饿死的，没听说谁得病的。没听说有霍乱。

民国32年没听说有河开口子，光下雨。滏阳河没开口子。民国32年不大旱，下雨下的，苗都淹死了。下雨之前吃的也不多，也是没啥吃。

潘喜堂

采访时间： 2007 年 10 月 2 日

采访地点： 鸡泽县吴官营乡靳庄村

采 访 人： 李 龙 李 斌 解加芬

被采访人： 潘喜堂（男 71 岁 属牛）

（我读过）高小，那时候念高小人少。民国 32 年那时小，还在家，父亲在县大队当兵。过了民国 32 年日本人就来了，（父亲）在寺河口当兵，日本人有电话，把人家电话整回来了，（日本人）来把房子给点了，点了房之后一二年，炮楼住（的）皇协军，把被子给抢了，连被子都没有。

有逃荒的，逃到山里，俺爹领着我，父亲当兵，我在深堤住着，没多少天过年了，那雪那么深。

后来游击队南下，在驸马寨打伤腿，南下，淮海战役，又抗美援朝，50 年代回来。

1963 年发大水，我以前住的院子进水，过脚脖，家家都这样，三厂台阶这么高，救灾，扔东西多着呢。1963 年没受罪，啥菜也有。1963 年后没记得生病，光听说霍乱病，咱这块儿没有。

采访时间： 2007 年 10 月 2 日

采访地点： 鸡泽县吴官营乡靳庄村

采 访 人： 李 龙 李 斌 解加芬

被采访人： 叶春奎（男 72 岁 属鼠）

我小时候家里生活贫苦。这会儿改过来的，小时候这是盐碱地，出小盐，那时候这村就是靠蒸小盐为生。地里收获太少。一亩地打 3 斗粮食，

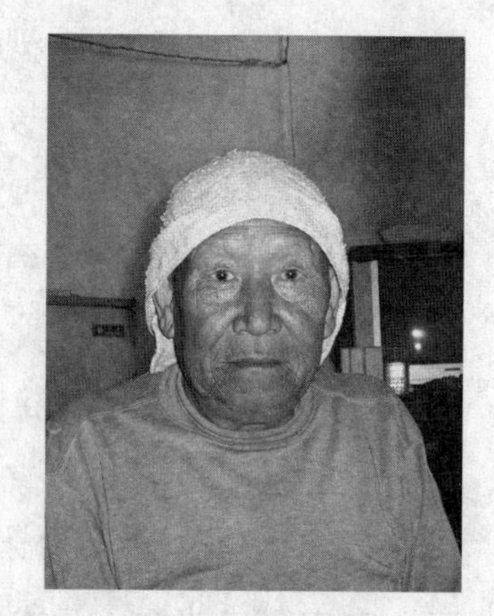
叶春奎

就是90来斤。那会儿就是种高粱，种棒子，不种麦子。种麦子没法浇，旱。麦子一到五月不下雨就白种了。吃水靠原来那个小土井，9尺来深的一个井。我们这村东就是个河，一下雨就淹。过了五月，一下大雨就浸上水了。（河）就挨着这个村，现在叫东分干，以前就是个河沟，没名。滏阳河离这有2里来地，东边就是滏阳河。东分干和滏阳河不连上。滏阳河那个水经常有，滏河通天津。原来村里好几口小土井，村西的水不能吃，咸，咸得不能进嘴，那蒸小盐都使这个井。就我住的这个地方，以前都是黄盐土，淋淋就是小盐。吃盐不花钱。

我小时候滏阳河就这么大，还没现在深，以前那个滏阳河浅，基本上没动。滏阳河从上面那个东风社过来，那边是个山沟，现在是个水库，以前是个河头。一下大雨，山里边的水下来了，滏阳河的水就大。（滏阳河）开过口子，就这个村正东那开过一回，在曲周那开过一回。开口子我记不清哪一年了，开口子还在我记事以前，那会儿我还小。这一片我知道的就开过那一次。水大，那滏河就成了洋了，这个村还没淹。滏河开口子就是来西开，不来东开，东面的地高，西面的地洼。咱村在河西面，村里没淹，这个村高啊，水从旁边走了，旁边庄稼地淹了，水就是腰来深。后来1963年这儿发过一次大水，山坡上下来的水，从西南那个方向来的水，河北省不是都淹了吗，1963年。1963年村里就把房都倒光了，没房了。滏阳河开口子那都是以前，在民国32年以前。

民国32年是大灾荒，俺这个村子就剩20多口子人，都逃荒走了。有下东北的，有下山西的。现在山西还有咱这儿人。春天里旱，过了五月淹。春天里不下雨，过了五月里下来雨了，下雨又淹了。下雨是七月吧，那时还有歌了，"民国32年，灾荒真可怜"，都记不清了，光头两句我记得，"接接连连下了七八天"。我那会儿没在家，我逃到邢台那一片去了。

我是民国31年出去拾麦子，咱这不种麦子，出去拾人家的麦子，就留在那了，没回来。我住在南和西边的河道谷（音），那是个村名，河道谷村，归南和管。我母亲、我父亲，还有个妹子。我妹子那年给扔了。要一块钱没人要，就给扔了。给谁谁也不要，补人家一块钱，就是给人家一块钱也没人要。现在死活也不知道，我那个妹子我现在找不到下落。民国32年给扔了，养不起，我差一点没饿死。在那住着，下了七八天，一个粮食籽也没见。赶到下得慢了，去偷人家的小梨，那梨还不大，还不真熟。再没有吃了，去地里拾那个蘑菇，回来煮煮就吃了，那7天就没吃粮食。下雨还没啥烧了，麦秸多啊，去薅点儿麦秸，还怕人家看见，看见你还不行了。有麦秸多的都是财主啊。这会儿下十多天也没事，有啥吃有啥烧，那会儿可不行。下雨我就在南和，住平房，都下漏了。在那儿找人家的房子，不掏钱，掏钱咱也出不起，到那找个破屋，就住下，他那个地方没人用，没人住的房子。靠我父亲去卖小米糠，卖了赚点钱买点吃，就靠那个维持生活。到地里拽菜吃，到冬天到地里拔野菜，萝卜缨子都是好菜。南和当地人净好生活，人那没淹也没旱，人那有井。南和不是靠那个白田河（音）浇地，人那不灾荒。人那种小麦、棒子，人家生活好。他们那也是七月份下雨，下了七八天，人家那没淹。人家那分水有分水河，浇地有浇地河。西边有个历河（音），不深，顺水快。那会儿就叫历河，现在还叫历河。人家那不逃荒。那里得病的没有。

民国32年我一直在南和。咱村里（靳庄）的情况也知道啊，逃荒逃的就剩20来人，饿死的好几口子了。死的死，出去的出去，没人了。就是民国32年开始人出去了。二三月份就往外逃了。平常吃的就不够，到二三月就没啥吃的。下雨的时候村里就二三十个人。过了民国32年，人就开始回来了，民国33年、34年这村里一共也就80口人。灾荒以前那就是100多口，一百三四十口人。有一家一家死的，都饿死的。有一家七八口子都饿死了，就剩了一个人，靳风华（音）家。反正谁家都有饿死的，没她家饿死的多。她家就剩她一口。几月份说不准，都在家饿死的。她家不往外逃，人都逃走了她家不逃，都饿死了。不是得病死的。我一个大伯就是那年饿死的，俺都出去了，他自己在家，饿死了。可能是冬天饿死的，冬天饿死的人多。我回来以后找人，不在了，俺一个邻家把他给埋了。

我们家是民国33年九月份从南和回来，回来了在家也不能安生，日本人还在。谁家都挖俩洞，有点啥东西，（日本人）一来了就填洞里面，白天也不在家，到黑天了去地里边睡，就是下雨还不敢来家里睡了。日本人一来逮住你就杀了，谁敢叫他逮住。“三光”政策。（日本人）杀人我见得多了，在平乡城里杀人最多，就在这乡村里，我也见过。我那会儿猛一回来，家不在这个村，在平乡，平乡也是个县，在平乡西关住着。一逮住八路军了，就在那个关岳庙，西关有个关岳庙，在那枪崩了。一崩就是七八个，一下一片。我见过那会儿一共6个，从城里拉着出来了，砰砰都崩了。

采访时间： 2007年10月2日
采访地点： 鸡泽县吴官营乡靳庄村
采 访 人： 李 龙 李 斌 解加芬
被采访人： 赵兰银（男 79岁 属蛇）

赵兰银

我一直在这个村子里住着，没离开过。小时候靠种地生活，种20多亩地，都是盐碱地，蒸小盐。民国32年那年是大灾荒，那年是八月二十一下的雨，下了七天八个夜。都是土房、坯房，都倒了。人都不能吃饭，屋里都不能站，屋里都有炕，炕上得搭个席，才能睡。没柴火烧，不能吃饭，不能煮熟吃，那时候一天都吃一顿饭，还有吃两顿饭的。房漏，是秫秸房，高粱秫秸做的这个房，垒上泥，雨一大了就透了，就漏水，房里不能住人。淹了，地都淹了。

大灾荒饿死的人可多了，一家一家都没人了，都朝外走了，有走了的，有死了的。九月开始，到十来月了，人开始往外走，家里没法了。有来山西的，有来北边的，有来南边的。没往山东走的，山东不中。下了雨以后开始往外走。以后过了民国32年，剩了七八十口人，原来村子不到300口人，死得都没啦人了。我小，俺爹不叫我走，非要饿死在路上，老的不舍得叫我走。下雨的时候在家，民国32年一直在家。还有一个事，民国32年阴历十月十八，日本在邢堤炮楼来咱村，带走了8口人，民国32年找不到东西吃，逮着老百姓，要点东西吃。后来给（日本人）送点儿鸡蛋，送点啥的，那8口人都回来了。

（下了雨以后）霍乱转筋病，霍乱病。上边哕，下边泻。那个人都用针挑，挑住了就好了，挑不住就死了。拿那个大针挑舌头底下两条青筋。挑不住就死了。没医生。上边哗哗地哕，哕了后就泻，泻了后眼窝就沉了，就那霍乱病。哕得厉害，一哕就啥也不知道了。泻得也厉害，一两个钟头就毁了。我见过，我还挑过了，把住舌头，使根筷子绕个针，用手把舌头拽出来，扎下面那两条青筋，蹿出血来就好了。扎不出血就不中了。（扎出的血）黑的，乌黑的黑血。没学过医，上来病了老人就这样扎，我见过。老辈子人啊一传下来就说这个病是霍乱病。民国32年的霍乱。我给潘二黑挑过舌头，他小名叫二黑，他家房倒了，在俺家住着，上来病以后我给他扎的，扎扎还好了，没死。他那会儿有30多、40来岁吧。我给他挑的时候他就啥也不知道了，张嘴就哕，哗一口，哗一口，肚里都没东西了，啥东西都吐出来了。不哕的话就泻，泻到后面就都是水，黄不哩的屎水。眼窝就沉了，脸都变形了。就是下雨阴潮，人再吃不饱。这个病很快，吃完饭不大一会儿就上来了，茅子一跑，在茅子出来了就哕，就这么快。他（潘二黑）下完雨以后才得那个病，下完雨以后多少天才得的。那会儿人不讲卫生，逮着啥吃啥。再得这个病的还在（民国32年）以前，一家家都死得没人了，那咱就小，就不知道了。有一个潘正东（音），兄弟叫潘连东（音），就是那年死了，霍乱病死了，就是民国32年那年。他叫潘连东，正下着雨，民国32年不是下了七天八个夜吗，下到六七天的时候得病了，后来一停了雨了，那个人就死了，在旧城营，没挑过来。他下雨的时候在地里边看地，我也在地里，他也在地里。地里种的苗，人没啥吃了乱偷，在那看着了。他看着地上来（病）了。上来以后就到那个村了（旧城营，邻村，约两公里远，在滏阳河东岸），那个村有医生挑，挑了一回子也没挑好，回来死了。正下着雨那时生病，死了回来以后就不下雨了。不是下了七天八个夜吗，就五六天那时候得的病。雨停了以后，回来就死了。他有爹有娘，他姐姐是旧城营的，他姐夫把他背到旧城营，回来就死了，死在旧城营。得霍乱的能有个七个八个的，传染！一下就是一个子，好几口子人就上来。转筋就是腿肚子转筋，疼得扛不住。

那个年头谁也不顾谁，就咱家顾咱家的，旁人家都自家关着门，谁还顾旁人家。死了也不知道。放肚里能吃就行。拽桑叶，一吃脸就肿。

民国32年那年淹了，村里都被水围起来了。街上没有积水，地里有，村里比村外高。下雨下的水，下了雨，曲周那桥北边开一个大口子，滏河水满了，开了个口子。在曲周桥北边，滏河桥，河西边开口子，水来西来北淹，就淹俺这了。开口子那地方离这有20多里地。就是民国32年那年。不是人挖开的，那个河谁也不敢挖，一挖要淹多少天。我记得（滏河）淹了好几次，有3次。这正东开过一次大口子。滏河通天津，一直就走这个河道，运煤运货，现在都没了。

1963年这上了一次大水，那时就有了国家保障了，没人得霍乱，其他病的也没听说。

我是民国17年出生，在我出生以前有一场霍乱。那个我不知道，都是听老人传的，谁家得啥病，伤了几口子人，这个还没埋呢，那个又抬出来了。这个不清楚了。

日本人修炮楼，在邢堤、驸马寨、马谭都有。平常里面都是皇协军，有的炮楼里有日本人。一个炮楼里最多有五六十个。他们吃的粮食都跟老百姓要，平常就要去送粮食，直接送到炮楼。不给他粮食，他来村里直接逮你的人。（送多少粮）没个定数，年景不好，给他点粮食就中了。不给粮他就不放你的人回来，送到日本国当劳工。10天期，20天期，你送不送？不送，到日本国当劳工去。回来后他下回还逮你。咱这个村里没有逮到日本国去的，都拿东西赎回来了。我们这有个年轻人叫潘杏子（音），那一年过了事（结婚），年轻人穿着好点，被逮住了，说他是八路军，他说不是，就打他，把这个人打了个半死，日本人走了以后，这个人又待了半年死了，就是民国 32 年那一年。把我弟弟逮走那次，（日本人）到俺家，把我炕上盖的、我身上的衣裳都拿走了。那次逮走了 8 口人，那会儿村里剩没多少人了，那也得想法啊，按亩地摊两个钱，在家的都掏，凑两个钱把人给赎回来，在那待了 8 天。村长管这事。村长轮班干，都不干，不愿意干，净坏处，没好处。没人干了不行，日本人那不行，你没村长了不行，都轮着干，你干 10 天，我干 10 天。村里有什么事都得管，不管不行。

没见过日本人穿白大褂（戴）防毒面具的。我见过的日本人就跟电视上的那一个样，穿大皮鞋，带刀，黄衣裳。我还给日本人修过炮楼，去搬砖，叫搬到哪去就搬到哪去。一个村 30 亩地出 1 个人，10 天 20 天的轮，轮着了不去不行。没 30 亩地的少轮几回，到时候你还得去，都得去。白给他干活，不管饭，还揍人，揍人那是常事，还把不会垒砖的一个人胳膊打折了。

八路军就在我们村里住着。有时住几百个，有时住几十个。区里的、县政府的，成天在俺这，来了公开活动，小孩都拿个红缨枪站岗。八路军成天在我家住着。哪个村也这样，八路军都在老百姓家里住着。

旧城营村

采访时间：2007 年 10 月 2 日

采访地点：鸡泽县吴官营乡旧城营村

采 访 人：李 龙 李 斌 解加芬

被采访人：陈明秀（男 83 岁 属牛）

陈明秀

我14岁就给人做长工。14岁就是日本人过来那一年，干了5年长工。1942年底当了兵了。要按阴历说就是1942年当的兵，要按阳历说就是1943年当的兵。过了这个阳历年了，就是这个时候。春节以前，阳历年以后。在清丰县（音）当的兵，河南那，从家去了，在家顾不住了，逃荒逃那去了，顾不住嘴了，说："你当兵吧！"我说："行。"咱这年景赖，什么也没结，就去河南清丰。那是从十月份离开这里。

民国32年就是大灾荒。民国32年头里边种的这个高粱、玉米什么都没见籽。天上下霜，高粱、玉米受霜都没结粮食，到年就是一直没下雨，到七月里才下雨。下雨的时候，快到耩麦子的时候，这个秋啊就出了伏了，就是立了秋了，不能种苗了，结不了粮食了，那是民国33年。民国32年是1943年。

民国31年、32年年头都不大好，到民国33年了一下子大灾荒。有日本鬼子，有汪精卫的中央军。七月二十一下的雨。这个上面都有歌，我说的是农历啊，不是阳历。七月二十一日老天阴了天，昼夜不停下了七八天，下得遍地都是水，别说没粮食，有粮食也不能结了。到七月了到初秋了才下了大雨了，下得净成水了，连着下着七八天。下雨的时候我在河南。下雨的时候就当上兵了，回来的时候听别人说的。

下雨的时候死的人还少，下雨以后第二年，就是春天里，第二年春天死的人多。都往外逃，一家家往外逃，都死在外边了。逃荒的逃出去了，在家的都上病，那时候都是霍乱病。这个病一上来就是不能治，腿肚子转筋，哕泻，干哕，拉稀。就是这一种病，不能治，上来一天两天就死了。这个病在1943年秋里，下雨以后也有，下雨以前就有这个病了。这些都是我听说的。死的人很多。那会儿我们村子过了灾荒年1943年，剩了500口，灾荒年以前多少人咱闹不清。反正死一半的人要多。现在我们村里有 2000 多人。

灾荒年滏阳河还没决口。灾荒年咋地没决口来着？说那个日本人从这个邯郸这边来天津运输，专门保持这个半河的水，沿河走船，（日本人）在咱中国待了六七年，专门走这个河，隔个四五六天过来了，过来时老百姓就跑，（日本人）走啦，就回家干活，就是这样。那一年滏河没决口子。这个村西面那个就是滏阳河，围着村。从邯郸通到天津。它以前就是这深，不大，能走船。这个河一直没扩大也没缩小，就这么大。你别看这个河不大，这个河有历史啦，有船，有 1000 只船，那会儿听说有船运输。现在都干枯了，没水了。过了灾荒年后来才开口子，后来是到五几年了大水淹了。

（霍乱转筋）在腿肚子这转这个筋，一转了，人疼得就呛不住。你这年轻人不知道，俺这上了岁数的，天一冷，要是盖得薄了，这个腿肚子，好转腿肚子。要是转了就了不得。（霍乱转筋）不好治，那会儿不好治。那会儿又没大医院，日本鬼子在中国，村里有个能人啦，就找这个人来。也治不起啊，都没啥吃，治不起，三天两天就死了。传染着啦。说上来，就是这个也上来啦，那个也上来啦，这一个村一天有 3 个有 5 个。

我见过霍乱。我父亲就是霍乱转筋死的。那会儿我就没在家了。那就是在园子里，种着地啊，在那儿，拉两泡屎，眼窝就塌下去了，再停一会儿，停一个两个钟头，说话声音就成哑嗓了。就半哑着了。不能吃不能喝就死了，就是顶了一天。（我当兵）回来了那还能不告诉我。那就是民国 32 年。（我父亲）那是秋天看园子时候死的，是八月份死的。俺村这个河能浇不是，使这个河浇水，这有几分地能种点菜，要不在那看着不，就被偷走了吗，（我父亲）在那看着，看着，病就上来了，回家了，回到家嗓子都哑了，说不上话了。晚上上来的病，到五更了回家了，回家就说不上话了。晚上在那看着哩，不回家。我父亲得病那就是下完雨了，下完雨之后多长时间那我说不准。我父亲那年 50 多（岁）了。我那年才 19（岁），我是老二，年轻人一般不大得，就是老人得。（园子）离家不远地。

（咱村子）得霍乱的多着了，家里都没人了，下一代都不记得了，就是这个意思。要说民国32年谁家得霍乱了，不说家家都得了，反正隔一街岔着一街，得的能有一半。你问我们这些人哪，还能记得，你问年轻一点的，70多岁的，他都不记得了。

我14岁就给人家扛长活走了，扛长活就是在东边解放区，那是八路军的根据地，俺这个村就是个敌区，离日本人近，轻易不回家。后来当八路军了，就更见不着日本人了。没见过戴防毒面具的，光见过戴钢盔的。

采访时间：2007年10月2日

采访地点：鸡泽县吴官营乡旧城营村

采 访 人：李 龙 李 斌 解加芬

被采访人：季贤彬（男 81岁 属兔）

我被抓到日本国，1944年被抓走的。我是当了八路军了，跟日本（人）打，叫日本人把我逮住了，逮住了带到南和县，囚起来，准备崩了。我一出来门了，往外走，（某人）说来来来，记一下名，谁谁谁，巴嘎、巴嘎，就怕他叫，一叫没好事，午时三刻要开刀斩，最怕在这个时候叫。一出来到这个大狱里边，监狱里边犯人都是关着的，叫谁谁出来。叫出去了，外面有一个小门，从这个小门出去，那门上都有日本人。那家伙，扭住你，咯，那家伙，一押就把你撅得不知道事儿了。到那场儿还能叫你动弹了？一扭你这胳膊，一下你这个胳膊就不知道事儿了。一背，来那一捆，出去崩了的都有那个亡命橄（音），拿了这个亡命橄往那一站，说，你走吧。你看这个交代，那死准了。一般人到这个时候了都好掉泪，是不是。我一想：毁了他，不中了，这辈子就活到这了，这我就掉泪。一掉泪，我一想，光掉泪干啥？光掉泪叫人都看着啊？这算啥呀，咱这个泪湿了南和街了。不中！我就把这个心来回着一想，不想这个事儿啦。一下这个泪也干了，一干了，就履（顺）着街走。一到那边，朝外一走，可能就是要朝南门上走吧，朝南门上一走，瞅着一个东西街，有了人啦。有了人啦，指着我，说：“走，给你办点好事儿吧。”把我这个亡命橶的牌子一薅就扔了，扔了就朝东走。朝东走，俺这8个人里边留下了仨。留下这仨走到县警备队的一个大门，朝北一拐，就朝里边走了，走到了算是日本的一个警备室吧。俺这从大狱里出来，又回到这个警备队，警备队里有个小屋。警备队里的人要是犯了法，就在这个小屋里扣，这是警备室。到这一看，一间小房，俺就坐在里边了。坐到里边了。在那里边扣了有五六天，五六天后叫咱出来。咱知道是啥，是不是。出来，来外一走，有一辆汽车，这汽车上净啥样人呢？有那岁数大一点的，说这个就不大好听了，就是说看不见上门牙那样的吧，总的说年轻的小伙还是没有。一上上来了，拿着一根绳子，捆住你的胳臂。我一看这不要紧了，这不是枪崩了，是不是？汽车一开，朝邢台啦。一到邢台，就叫这些人。一叫我，我在这个狱里受了一大顿子罪，瞧着那就不中，是不是？说：“这一个不中。”一说“这一个不中”，他叫咱回来就不好了。我就说：“你看，是这样哈，俺家有一个老娘，我在家顾不住了。人就对我说你当工人走吧，当劳工吧，这不我就来了。我这个身体要是能吃两天饱饭，还是棒着哩。”人说：“咳，你这还愿意去。”我说我愿意去。他说：“那行了，那走吧。”这就跟着他走了。跟着他走了，咱也不想那些事儿啦。看咱这个样，要是不中，要是再走一个地方，那不又要检查吗，再一检查了，我就回来啦。跟那朝那一走，朝南和送去的还没回来，这个送去的要说不中，谁知道能放咱不能？就是这样。从邢台去天津，在丰台站停了一停。从邢台那走到天津，到天津有个塘沽岛你知道不？塘沽是个半岛，是不是？一圈水湾围着。到这个最口上的地方有十五里地宽，那个里边，叫你在那里边。再往外就是海。在那里待了好几个月。他那个战争紧了，紧了那家伙不好走，他那个车也不好出动。我在那住了那长的时间，光是同盟国的飞机去炸了好几回。在塘沽不能出国，炸得愣狠，从天津不能走啦。那这样吧，咱就从这个青岛，到青岛，搁那上船，搁青岛正东朝日本（去）。就是这样，到了日本。到日本国，一个劲儿地朝北边走啦，走了有好几天。日本国不大，小窄条，南北远。走到北海道北边，那是个啥地场儿啊，叫北家（音），再那边就成了苏联了，也是寒带地区了。就在那工作了一段。后面他说，那这样吧，南边找个活。到了那个上沙川。有一个沙川，是个大车站，它那个地方净是一层一层的高山，来上一上，就是上沙川。下边是沙川，朝上边就是上沙川，就是这样。在这个地方又停了一段（时间），日本人投了降了，日本人投了降了就好了，咱中国这些劳工就说他投了降啦。在那又待了几个月。

（在日本）一共待了七八个月吧。到日本3月多了，在天津待的日子不少，3月多了才到日本。1945年3月到，搁日本回来是1945年年底。下煤窑。我在北家那没有正经活，山有那个沟沟角角就平平，看那个意思就是叫你弄个路。他又说回来，朝南一走，翻过一座山这就暖和了，这朝南一走，山南跟山北气候不大一样，到了山南边，比那边的气候稍好点儿啦。山南边就下煤窑，到山南边那就四五月了，（干活）就这几天，就没几天。到那儿干了几天，下了两房的人，下了煤窑啦，回来了吃点啥？都在那饿着，吃不饱。那这样，这回儿还叫你这半人下，咱给你加个干粮。这一说，行！说不要走了，东洋战争停止啦，咱这都养养，养养叫他胖胖的回国。一听说这个事儿啊，都愣高兴。（在去煤窑的路上听到战争停止的消息）不知道那煤窑叫啥名字，我没有亲自挖过煤。就去了两回（煤窑），都是头一帮那些人。第一天这一帮人去了，第二天你再挑一帮，还得挑，还叫那些人去，给你加点粮食吃，问行不行？都说行。这些人在那都不叫你吃饱，饿得这些人都扛不住。

生活不中，在那一天就是六两指标。以后不要紧了，就说叫你吃饱，中国的部队就送点儿粮食啦。送这一小袋我记得是三斤，布袋上还写着中国上海，几等白面，一到那说咱这多少多少人，分了。俺这帮人啊去得晚（指去日本），在船上伤的特别多，从青岛上船走了两个星期才到日本，在船上死了一半的人，就是几天里边就剩了一半的人。（粮食）按人数（上船之前的人数）分来了，俺这一个人分了两袋多。整整咱吃，这个不定指标。日本人说能吃多少吃多少，不限制中国人指标了。俺这一块儿的去日本的能有两千多人，从青岛上船的能有五六千人，回来时候剩两三千啦，毁了一半。伤的这个人都是咋的啊？都是渴的，没水，喝不上水，一天一个人喝两碗稀粥，都渴死了。一到人家那个地方，一上火车就没人管了，你也不能跑了，这就向有水管的地带要碗水，这就能喝了。搁那儿就缓过来这个事儿了。下船那个地方在最南头的一个地方，名字我说不准，在最南头的一个小岛。后边回来（回国）的时候没跟那个小岛，在下关上的船。

（在日本）那就死一个两个的，不像（在船上），一天就死五六十个。小船，战争不停，他也没船，就使这个蒸汽机船，慢，走了十多天；回来时候是英国船，七天七夜就开到中国。

民国 32 年大灾荒。这 5 里地一个炮楼。人不能随便走动，你不能动啦，逃荒也不能逃。逃荒走到那还得整个日本的良民证。民国 32 年那年旱了，民国 32 年在鸡泽城给人做长活。下雨前边没下，我记得是七月二十一下的雨，七月初七下了一次，不大点，不顶事儿。就那半个月耩点地，还能结点儿。下雨的时候我就在家里。这个炮楼三天来一趟，两天来一趟。霍乱病哪都有，病的挺多，俺爹那会儿就病了，得了霍乱病，没死。一到这个霍乱啦，人就呛不住，身上就这个地方（指着腿肚子）一包一个疙瘩，一包一个疙瘩，先生得在旁边好好守着；唠、泻上来了，转筋，一转筋这个人就挺不住，先生就拿针给你扎下，能顶过去，要是顶不过去就完了。我父亲得的就是这个，治好了。俺这有个先生，人就来了，一说霍乱病，腿一转，人就挺不住了，是不是？赶快拿针！啪，一下，扎扎，扎一下顶顶，扎了几下，好了。扎在那个疙瘩上面，扎了放放，放血，轻快了，再躺一会儿，过一会儿啊，又上来那个病了，就是这样。放的血都是黑的。扎这一下子，还在那等着，再来一会儿又上来了，再扎。（我父亲）秋天得的病，立了秋以后，就在下雨那阵子，下雨之前好像，反正是在秋天里。得霍乱的不少，哪家也有。

刘庄村

采访时间： 2007年10月2日

采访地点： 鸡泽县吴官营乡刘庄村

采 访 人： 吴开勇　张　伟　刘付庆生

被采访人： 刘文彬（男　76岁　属猴）

刘文彬

阴历七月一日下的雨。灾荒年时我12岁。日本人来时我还小。灾荒就是天灾。前半年旱，后半年淹。七天七夜就没断过雨。房上的土就冲走了。房里漏水。那时的地主也没有现在的人生活得好。

那时没吃的就逃荒逃难。本来300多的人，最后只剩下6个人。我自己没逃荒。我吃麻糁（芝麻榨出香油后剩余的部分）。那东西还买不上咧！有的人出去两三天就回来了。有的逃到山西去了。

下雨过后就有霍乱转筋。下雨前没有。霍乱就转筋。生了这个病就找医生。开点药。治过来就治，治不过来就算了。或是扎针。村里有老人有年轻人没法治就死了。当时村里有十几户人家生了这个病。这个病发得很快。有个八路军，回村来看父母就染上了。没多久就死了。村里死了十多人。河里没有开口子。日本军和皇协军常打村里过。咱村里修了一口堡。

水淹到了鸡泽，地里都淹了。走路都得蹚着水过。

灾荒年过后（民国33年）地里就生蝗虫了。过河时，裹了一团。过到稷山就没有了。

采访时间：2007 年 10 月 2 日

采访地点：鸡泽县吴官营乡刘庄村

采 访 人：吴开勇　刘付庆生　张　伟

被采访人：刘文田（男　82 岁　属虎）

刘文田

我这村里穷户都逃荒在外，好的人家没走。都逃到山西，有把儿女卖到山西的。日本鬼子来了。日子没法过。日本人无缘无故地打死了 3 个老百姓。见鸡逮鸡，见猪逮猪。三月没下雨。苗不生长，没粮吃。日本军队炮楼皇协军的，他们经常扰乱百姓，让人活不安宁。

八月下雨，下了七八天，旱过后就涝了。地里水有 50 公分深。我祖父是蹚着水去下葬的。所以我记得。

民国 32 年日本在咱们这修的炮楼，在邢堤也有。在 1945 年日军投降以后，日子才逐渐好。下雨之后，河水大。头半年旱，后半年涝，河没有开口（决口）。村里人吃不饱就去逃荒，一半多人都逃走。除了逃荒的以外，有 50 多人饿死了。也有病死的。是饥饿造成的。有乱转筋。得乱转筋后就像广了。倒在地上抽。治好则好，治不好则死，医生连自己都治不好。村民就更治不好了。没有听说过其他的偏方或土方法治疗。我见过那种病（霍乱）。我祖父就是这个病死的。转筋霍乱致死。霍乱在六七月高温时期容易得。没下雨之前都有。得那病张不开嘴。瘫在床上。

头一年逃荒的人，在第二年芒种以后才回来。我自己也出去了。做点小买卖。回家背点粮食。与野菜混着吃，民国 32 年左右闹蝗灾了。

在民国 32 年，就是 1943 年，我就参加八路军走了。军队就在村里。在部队都没吃上粮食。我参加的军队后来正式编入第二野战军。是刘邓属下。皇协军，是日本鬼子组织的军队，专门为日本人打先头。

在灾荒年，地里有点粮食。

日本人上村来了。咱们这个村被日本（人）抓了去日本的没有回来。

我没上过学，没文化。日本进中国前上过三个月小学。17岁就跟部队走了。没机会上学。

采访时间：2007年10月2日
采访地点：鸡泽县吴官营乡刘庄村
采 访 人：吴开勇　张　伟　刘付庆生
被采访人：刘银亭（男　72岁　属鼠）

刘银亭

灾荒年，去地里采点野菜回来吃。都逃荒了。主要是水灾。先旱后淹。七月以后下了七八天雨。八路军要人，皇协军也要人，土匪也抢人。旱的时间不短，七八个月吧。7月11日下了七八天雨。地里都涝了。河里发水了。河堤没开口子。

灾荒了，有吃的就熬过来。没吃的就死了。灾荒年前就有霍乱（转筋霍乱），村里人死得都抬不过来。那病不能治。肚里疼。嘴里在吐，下面在泻。我奶奶就是在那时死的。好几个村就一个医生。来了能治就治，治不了就死。灾荒年没听说霍乱。大部分都是饿死的。

日本军和皇协军老来扰乱，没吃的，当时我就去山西吴乡逃荒了。跟我母亲和叔叔。过了灾荒年就回来了。

下雨之后第二年生了蝗虫，蝗虫过来小的爬，大的都飞。过高粱地来。日本人在这抓了人去日本了，日本投降后就回来了。回来后就让中央军（蒋介石的队伍）接走了。这个老人是白家寨的，名叫王豆皮。

日本人在这修了炮楼，经常到村里来，抢东西，抢人。皇协军没人供养，都是抢老百姓。

柳官营村

采访时间： 2007 年 10 月 2 日

采访地点： 鸡泽县吴官营乡柳官营村

采 访 人： 靳爱冬　张海丽　齐　飞

被采访人： 季清的（男　75 岁　属鸡）

季清的

民国 32 年，家中 7 口人，过了民国 32 年只剩 2 口。村中过了灾荒年只剩 200 多口，原有 300 多口，出去逃荒的多。村中有日本军及伪军闹腾。当年涝，当年下雨七天七夜，不记得有发大水情况，村里全淹了，井没有没口，喝开水。雨后饿死的人多，没听说过有霍乱，当时我才十一二岁，没听说过有哕泻，肚子疼。

不知道日军什么时候来鸡泽，当时自己七八岁，不清楚日军待了多久。离这里七八里地有个炮楼，炮楼中伪军多，日军出来扫荡，寺河口、驸马寨把村子都包围了，打死人没人管，人都躲到地里去了。

日本人来了，家里的人全都跑了。伪军、日本（人）都抢，日本（人）来的时候有伪军陪着，不记得有穿白衣服的日本人，他们穿黄军装，从未有日本人给我们打针、发药，俺这一片没有。

日本人、伪军杀人，在吴官营杀人、杀孩子。日本人在村里抓劳工抓的不多，抓的人都已去世，到东三省，到日本国。

灾荒年前是干旱，民国 32 年下半年有八路军发种发粮。1944 年出现蝗灾，把棉头全咬掉，当时八路军翅膀稍硬了，开始组织人民扫蝗虫。当时八路军的军用物资不强，枪是打一个子安一个子。当时枪装五粒子弹，打一下拉一下。

小时没有学校，没上过学。儿童团的指导员 16 岁才能当兵。雨下了七天七夜。

1952年成为党员，当过两三年支书。

沙阳村

采访时间： 2007年10月3日

采访地点： 鸡泽县吴官营乡沙阳村

采 访 人： 刘付庆生 吴开勇 张 伟

被采访人： 白宝修（男 84岁 属鼠）

白宝修

那时我19岁，在家里只有要饭。12个月没有下雨，地里没有长东西，草籽都没有了。

日本人过来把房子给烧了。那年下冰雹了。干旱过后，地里没有淹。民国34年淹的。村里人都出去要饭了。死人没有数，死得太多了！日本人杀了很多。当时村里有霍乱病。没有药，没有办法治。

采访时间： 2007年10月3日

采访地点： 鸡泽县吴官营乡沙阳村

采 访 人： 吴开勇 张 伟 刘付庆生

被采访人： 豆福如（男 87岁 属鸡）

豆福如

灾荒年时我23岁了。春天干旱，秋天生蝗虫。没有吃的，都吃野菜。死人不少。老人受不住都死了。夏天热了，在身上放点水就冒热气。蝗虫很多，把太阳都遮住了。

雨下得淹了，水进村了，地上全都是水。河里（洺河）没有堤，好几条河都发大水了。那洺河的水很大，冲开了口子。来了好几场水，并不是一场。没有东西吃啊，卖衣服，谁也顾不了谁，有的人都把孩子给卖了，有的把孩子丢了，没有人要。俺这里死的人多着咧。

村东蝗虫很多，村西河水淹了。到地里找点野菜来吃，井多的地方浇地好，饥荒就会少一点。

逃荒的都逃到威县去。

民国 32 年有霍乱，有一家姓王的死了全家。有一家死了老两口。一家死了 4 个年轻人。我也染过霍乱。没有医生治病，我蒙着头出了点汗就好了。我是 20 多岁得的。记不太清楚了。

出土匪，日本鬼子。有点东西都给抢了。在这受日本（人）的气，又不懂他们说什么，不顺他就杀了你。日本人用刺刀刺人的胸口。这一个村里有 3 个炮楼。很多的人，有的被抓去当劳工了。日本人在邢台打败中央军，来到咱村里。杀死了 70 多人。他（一位旁观村民）父亲还被打了一枪呢！日本人拿着枪，你跑也跑不了。

采访时间： 2007 年 10 月 3 日

采访地点： 鸡泽县吴官营乡沙阳村

采 访 人： 吴开勇　张　伟　刘付庆生

被采访人： 豆　三（男　82 岁　属虎）

豆　三

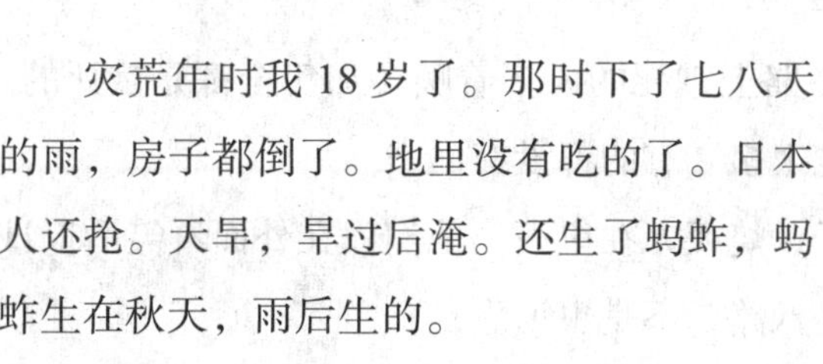

灾荒年时我 18 岁了。那时下了七八天的雨，房子都倒了。地里没有吃的了。日本人还抢。天旱，旱过后淹。还生了蚂蚱，蚂蚱生在秋天，雨后生的。

民国 32 年七八月下的雨，把地淹了，把河也淹了。村里街上的水有 40 公分。洺河冲开了一个口子，淹到村里来了。水淹到村里东庙，就没有再淹过去了。洺河经常淹。

我们没有东西吃，都是吃草，吃糠。死的人一堆一堆的，东边来一个人逃荒，三四十岁的样子，但是没有人给他吃的。（他）走路没力气。栽在河里死了。山东人都逃到这。咱们村有出去逃荒的，都到邢台去了。村里那时有600来人。出去的人不少，到山西太原了。等到过年时才回来。村里饿死了几十个人，都是饿死在家里的。没有传染病。好像有霍乱。不确定。

当时日本人围住了这个村。村东村西村北各有一个炮楼。日本人抓劳工出去，都死在外面了，都没有回来了。

采访时间：2007年10月3日
采访地点：鸡泽县吴官营乡沙阳村
采 访 人：刘付庆生　吴开勇　张　伟
被采访人：马大娘（女　83岁　属牛）

马大娘

我13岁那年，十月初八日本人进来了。头一回是1个飞机。第二回是2个飞机。三四回是5个飞机。炸死了我两个舅舅。

灾荒年我已经嫁过来了。那时下雨下了七天八夜。蝗虫把地里的东西都吃光了。先旱后干，我最记得大水、蚂蚱。

那一年死的人可多了，在路上饿死的人多着咧。那年全都是饿死的。没有霍乱。俺村里去逃荒的也很多。有的都没有回来。

日本人在村里放火烧房子，烧死人在里面。他们就在外面看笑话！日本人用狗咬人。看到人就说是八路，不是也说你是。

中园村

采访时间： 2007 年 10 月 2 日

采访地点： 鸡泽县吴官营乡申园村

采 访 人： 吴开勇　张　伟　刘付庆生

被采访人： 段东生（男　80 岁　属龙）

段东生

我没有上过学。灾荒年就是饿了。没有吃的，就吃野菜。在家饿得干不了活了，整天就想怎样混饱肚子。地里啥也不长，看天吃饭，先旱后淹。

民国 32 年八月二十一下了雨。雨后引起霍乱。雨下了七八天。平地全是水。

河里开口了，日本人挖的口，我亲眼见的。王民山带日本人去挖的。地上水有三四十公分。在村外堵了堰。我在半里地外看见日本人挖的，日本人在村里绕过。王民山是中央军连长，是东于口村的。他为了水不往他们村里淹，就让日本人挖口子让水淹咱们村。灾荒年里日本人挖的口子，这点我记得很清楚，河里的水淹不到村里，河里的口子一直到民国 33 年才堵上。在民国 32 年，逃难的逃难，找点糠搅和点菜吃。村里人都往山里逃难去了。那时有霍乱病，治也治不好。埋也不能埋。村里得了病就死。还有饿死的。病了就肚子痛，就死。下雨后那几天得的病，下雨前没有。没有听说病好了的。我见过得了这个病，肚子疼，就死了。谁也管不了谁。吃点野菜，没有力气走了。死了人也没有人埋。逃荒的民国 32 年、33 年才回来。

日本人在鸡泽，皇（协）军到过村里来。村里没有碉堡。八路军在村里打游击，一共 10 来个人。我们这里有一个段风亭被抓去日本当劳工，死在日本国。那时村里人都在种地，日本人常来村里抢东西。后来都没有东西，没有东西抢了。在俺村里没有杀人。挖地道躲敌人。

灾荒年前闹蚂蚱。

（注：说完后，他带领我们去当年河堤决口的地方，给我们描述了一遍。）

采访时间： 2007年10月2日

采访地点： 鸡泽县吴官营乡申园村

采 访 人： 吴开勇　张　伟　刘付庆生

被采访人： 申蓝昌（男　72岁　属鼠）

申蓝昌

灾荒年连着三年，那时我才7岁。头年种高粱没有长出来。第二年到了二伏了还没有下雨。后来雨下了三四天没有停，后来又下霜了。玉米没有熟就坏了。干旱，逃荒了。到城市买卖，有两斤米吃。

民国32年要饭的要饭，有的出去没有回来。活不活不清楚。民国32年开个群众大会，只有七八个人。都出去了。民国32年下了雨。河水大了。

日本人在俺村那河里挖了个口子。日本的炮楼在东于头，他们怕水淹了炮楼，他们就在河口开了个口子。让水往俺村这边来。这时鬼子不让人去堵，谁堵开枪打谁。跟日本人一伙的人挖了口子，日本人没有挖。河里的口子开了一年，南边的死人漂在河里没有人理。到了第二年鬼子投降了。八路军带人去堵了。水没有到村里。只在村外地里。

因为村里地势高，一出门就要蹚水，一蹚水就得了霍乱，得霍乱就死，治不了。这病上吐下泻，没有先生治。土方法就是腿窝里放血，或者在胳膊上放血。在口嘴放血。我听说那时有的村里一天抬出五六个死人。下雨后得的转筋霍乱。治过来的少。我父亲得过，后来扎针好了。霍乱扎针扎出黑血。好了就好了，不好的就死。

那时村里有三四百人，有人逃到石家庄、邢台等等，有的被人贩子卖了。逃荒的有的秋天就回来了，有的是灾荒后才回来。

灾荒年以后闹过蚂蚱。蚂蚱过河时裹成团，它过来，大的飞在上面，小的在下面爬。把庄稼都吃了，一路往西走。

皇协军和日本人常常来村里抓人。打得狠咧。我有个哥哥在邢台卖衣服，被扣押了，在日本待了一年，去那里给人当劳工。

采访时间： 2007年10月2日

采访地点： 鸡泽县吴官营乡申园村

采 访 人： 吴开勇　张　伟　刘付庆生

被采访人： 申蓝奎（男　82岁　属虎）

申银生（男　78岁　属兔）

申蓝奎

申银生

民国32年我（蓝奎）20岁，灾荒年到处淹了。

有日本人，日本人还决了口子，河口开了一年。村外地里都淹了。村里没有淹。

日本人在东于村修了个炮楼。中央军在东营口北边，两个军队都混了起来。严庄的炮楼是中央军的。民国32年决的口子，民国33年才堵上。村子被人淹成了独村。日本人担心炮楼被淹了，就决了河口。后来八路军才堵上。

家里有一斤粮食都来抢。八路军在村里。不敢和日本人对着打。日本人出来扫荡。

天本来先旱，后来淹了。地里啥也没长。村里房子快倒了。村里人大都逃荒去了，我去逃荒了，逃到泰安，在那里给人打长工。我们一家人是跟村里的老乡一块去的，跟好多人一起去的，我们快半冷的时候走的。我去跟人搬煤，弄点糊口。我是腊月二十六出去的，在营口过的年。后来去了西安，一年后才回来。我家里姊妹四个，出去两个，没有消息了。

村里死了很多人。那年村里得转筋霍乱的特别的多，得霍乱就没得治，发病很快。霍乱有治好的，也有没治好的。我爷爷就是那年得霍乱死的，没有埋，有水没有办法埋。过了灾荒年之后身上长疥疮，全身不舒坦，弄点草药吃，有人好了的。

日本人来村里抢东西，叫人找八路，找不到就打你。一听说日本人来了，就跑去地里。一般是村长领着日本人来的，村长是日本人选定的。日本人来后，服从就让你好过，不然就枪毙了你。日本人问你八路军在哪，不说就枪毙你。

民国33年，蚂蚱很多。蚂蚱一过去，地里就光了。全被吃光了。村里有人被抓去日本了，没有回来。日本人逮住你，就说你是八路军，把你送到日本国去。一次抓了2000多人去日本。

日本人往俺村里打炮弹，人在房里就被炸死了。

吴官营村

采访时间： 2007年10月2日

采访地点： 鸡泽县吴官营乡吴官营村

采 访 人： 靳爱冬　张海丽　齐　飞

被采访人： 金余民（男）

金余民

我家里12口人，自己在游击队。活动在鸡泽城这一片，担任中队长，人不多，有三十几个，扰乱日本人。

民国32年，日本人已经来了（1938

年），住在鸡泽城，当时还没有修炮楼，灾荒年后修的炮楼。日军没吃的了，就来村里抢东西。多是白天来，晚上很少活动，游击队经常扰乱他们。

灾荒年前半年旱，后半年涝。那几年（灾荒年）都旱，都没得吃。不清楚什么时候下的雨。敌人来了，百姓都藏起来，没法种地。1956 年淹了，1963 年房子都倒了。灾荒年没有淹，但这个村子三年两头淹。鸡泽城西有条牛尾河，河西的地低，一涨水就淹了，天降大雨，从山上流下来的水，汇聚造成水涨。牛尾河上游的人有的扒开口子让水流向下游，淹了村西。日本人没挖过河。灾荒年很多都逃荒了，去山西，那时饿死的人多着哩。那时逃荒逃的有死在外面的。搞不清楚有无霍乱。

有蝗灾，在灾荒年之后，记不清具体时间，蚂蚱特多，在滏阳河滚成一个蛋过河，蚂蚱遮天蔽日，庄稼地经蚂蚱一过，庄稼就全没了。有区长带领打蚂蚱。

滏阳河发过水，也开过口子。在旧城营有个“朱口子”的地方开了口子（大雨后）。

解放战争时期我任特务营营长，属刘邓大军二纵队。

采访时间： 2007 年 10 月 2 日

采访地点： 鸡泽县吴官营乡吴官营村

采 访 人： 靳爱冬　张海丽　齐　飞

被采访人： 张占祥（男　82 岁　属虎）

张占祥

民国 32 年，家里有五六口人，姐、妈、爸、自己、媳妇，三四十亩地，地里产粮食，高粱、谷子，一般够吃的。民国 32 年淹了，连下大雨带发大水。滏阳河发大水，淹到村子里了，水井也淹了，喝河水，烧开了水喝，喝了肚子不疼，有长病的，家家都有。

民国32年没有霍乱，长病的没有唠泻的，大都饿死了。

民国32年发大水时有八路军，但很少。八路军船漂过来救人。日本人在城里。下雨时南边水低，滏阳河水过来，水冲开的，不是人扒开的。有一半子人逃荒。我很小，跟爹来回走。大部分都回来了。有到河南、山阳县的，那边有吃的。

灾荒年死了很多人，没得吃，饿死的，身上没有肉。在大水之后死的人多，大水之前死的人不多，不记得有霍乱，不记得有唠泻、肚子痛的病。

日本人来村子里抢东西，有皇协军领着来。邢堤有个炮楼，发大水时日本人没来。水下去后来要东西（衣裳、铺盖）。没有被日本人打过针。日本人没在村子里抓过劳工。

有蝗灾，很多蚂蚱，从滏阳河一个蛋一个蛋地过来的。不记得具体时间了，八路军找人打蚂蚱，用捕鱼的网、布袋抓蚂蚱。只有皮没有肉，鸡都不吃，找个地坑就把蚂蚱埋了。

后来解放的时候，平县治安军来，就钻钻地道。日本人1945年从鸡泽城走了。

采访时间： 2007年10月2日
采访地点： 鸡泽县吴官营乡吴官营村
采 访 人： 靳爱冬　张海丽　齐　飞
被采访人： 周贵才（男　81岁　属兔）

周贵才

民国32年，家中只有两口人，母亲与我。灾荒年前姐姐结婚了。哥哥、父亲民国31年去世了。连旱三年，山东人来这边逃荒，头一年逃荒老婆孩子来这，有的落户于此，那年份死的人很多，谁也顾不了谁，提起来都不能过。

民国 32 年我才 16 岁，立秋了七月二十一下大雨，七八天昼夜不停，有些地种上东西又淹了，安苗的时候没下雨。那年死的人很多，俺这个村死了上百口，这个村子大，年轻人出去逃，老的小的在家出不去，没吃的，熬几天，后没吃的，头晕，一栽就死了。那时没有八路军，没人管没人问。民国 32 年没有霍乱，小时有一次霍乱，在灾荒年头里，死人死得一堆堆的（那时七八岁），情况很严重。人死时就是头晕，饿得心慌。

灾荒年时日本人已来了。日本人来时是民国 26 年（1937 年）。来鸡泽的时间是十月十一（周贵才妻子讲：日本人来时才八九岁，现在 80 岁了）。

日本人在中国烧杀，此村离鸡泽城 8 里地，跟百姓要钱、要粮食。日本军在此第四年有了八路军，八路军不让给，不给不行。日本人来了也不跑，跑就打死了，抓住了灌辣椒水。日本人穿的是黄色军装。（日本人）在村子里没有抓劳工，只是打骂。

民国 32 年，八路军才发展。

小韩固村

采访时间： 2007 年 10 月 3 日

采访地点： 鸡泽县吴官营乡小韩固村

采 访 人： 吴开勇　张　伟　刘付庆生

被采访人： 胡严冲（男　83 岁　属牛）

胡小双（男　78 岁　属马）

胡严冲

胡严冲：老天不下雨，能不荒吗！秋后下的雨，雨不大。东边死的人多。俺村有点井能浇地，民国 32 年后又发大水了。洺河来的水把村里给淹了，村里的水都有半腰高。水淹到了街里。那年河里经常发水，三年两头淹。我没有出去，我们这里没有霍乱转筋。日本人在城里住着还来这里抢东西。苏二奎和一个人被抓到东北去了。

胡小双

胡小双：当时13个月没有下雨，人都饿得逃荒了，饿死人多着咧。后来下雨晚了，不顶事了。干旱后生了蝗虫。民国32年发了大水，这里的雨不大。都是山里边下的雨。洺河涨水，水淹过来了，水漫过来了，水到街上了。河里的沙都冲到地里了。这里没有水库，河里经常发水淹地，淹了后生的蚂蚱。男女老少都去抓蚂蚱吃。吃了能充饥啊！灾荒年那年这村里死人不多。逃荒的，东边死的多。我在灾荒年外逃的。日本人退了后才回来的。

邢堤村

采访时间： 2007年10月3日
采访地点： 鸡泽县吴官营乡邢堤村
采 访 人： 吴开勇　张　伟　刘付庆生
被采访人： 苏二花（女　76岁　属猴）

苏二花

灾荒年那年没有东西吃了。都是吃地里的野椿菜，那是好菜。还有榆叶、杨槐叶、柳叶，这些也还是好的了。那时好多人生了浮肿病，光肿头，肿得可大了。

路上躺着的人，饿死的饿死，哼的哼，

没有人管得了。当时我才十一二岁，我娘家就在这村里。那年干旱，干旱了三年，地里都没有粮食了。啥时下的雨我都忘了。灾荒年第二年就收了，还是好收成咧！

想起来了，是第二年下的雨。有出去逃荒的，咱村里出去的不多，逃荒的都是到山西了。那年饿死了很多人，路旁就有很多。这里没有霍乱。都是饿死的。

日本人过来时，我才5岁。日本人进来抢东西，日子苦。刚开始抢得很厉害。后来就不厉害了。这里给日本人抓去的人少。我们这里没有蚂蚱，只有灾荒年头有。

采访时间： 2007年10月2日
采访地点： 鸡泽县吴官营乡邢堤村
采 访 人： 吴开勇　张　伟　刘付庆生
被采访人： 邢考文（男　78岁　属马）
邢意容（男　76岁　属猴）
宋泽星（男　75岁　属鸡）
邢镇星（男　74岁　属狗）

灾荒年那年日本人在这捣乱。

年前一直干旱到七月。七月二十一下大雨。下了七八天，死了很多人。连灾三年，高粱也长不出来。民国31年下的大雨（也说不准）。逃难的出去了，我逃到了山西（邢考文）。在家的找野菜、树皮，捣成汤喝。我母亲在那年饿死了。全都是饿死了。

霍乱在灾荒年过后。生病，肚子疼，或全身抽搐。没医生，也没钱治。村里得这个病的人不少，那时村里谁也顾不了谁。下大雨以后，就出现霍乱转筋，生病的人有个老医生给他扎针。有治好的。放出黑色的血，扎腿窝等好几个地方咧。

左起：邢考文、邢意容、邢镇星、宋泽星

在村里南面就有炮楼，家里有点东西都要藏起来，烧开了锅才敢拿出来。只有五六个日本人。常上村里来。有啥活都让村里人去干。咱村里没有被抓去日本的，中国的有。

这里在民国32年五月过后，生了蝗虫。

小 寨 镇

柴 庄

采访时间： 2007 年 10 月 1 日

采访地点： 鸡泽县双塔镇东三陵

采 访 人： 靳爱冬　张海丽　齐　飞

被采访人： 柴银凤（女　77 岁　属羊）

柴银凤

我娘家小寨镇柴庄，姐妹三个，民国 32 年，家里的地都没种。饿死，家中父母得霍乱去世。得霍乱拉肚子，七天死去，病发得很快。没医生，扎针，扎腿弯、胳膊，具体情形不记得。灾荒年的时候在家里待着，谷子磨面（带皮），5 个妹妹饿死了 2 个。不知道有没有逃荒的。民国 32 年没有雨水，大家都说是霍乱。蝗灾严重。

村子里有炮楼，见了就藏起来了，不回来。听说日本人杀人，没见过日本人，不清楚有没有抓劳工的。

采访时间： 2007 年 10 月 4 日

采访地点： 鸡泽县小寨镇柴庄

采 访 人：王 凯 周 俊 于 璠

被采访人：柴永昌（男 84岁 属鼠）

柴永昌

我在农村上过小学，十来岁上的，上了两三年。上学时日本人还没来，20多岁日本人才进中国。

日本人从村里过了住了七八年，在小寨三陵，榆林鸡泽那儿有炮楼，在那儿住了，不在农村住，八路军在农村。小寨炮楼管这块。皇军一个排30来个人，皇协军来村里抢粮食，是当敌仆人，庄稼人的东西都要，城里不好进。

（日本人）在村里见过，模样和中国人一样，不如中国人高，农民都吓跑了。西南街有个井旁有个小屋，人都跑那儿去了，多是年轻人，那有一杆枪，不知是八路军谁丢的，皇协军搜来了枪，从炮楼都打死了。打死七八个人，有一个没打死，在装死。有个年轻人没打死，起来就跑又被挑死了。俺村打死6个。陈马冒死了2个。

俺当时在地里，没见着，回来后听说了。我们跑水沟，不敢露面。永年、曲周、鸡泽三县联合大扫荡。西边面积大没人，我们都跑西边大水沟里，人看不见我们，天黑了就回来了。邻近打死的那个人叫柴灵贵，他孩子还在这工作。我干了六年八路，1945年5月我当兵出去了，在当地当游击队，时间不长就十一团六连了。1945年日本投降，我就背杆枪打日本了，归刘邓大军，连长姓田，一年死了仨营长。连长营长都打在头，退在尾，死得多。我是当兵，回来时当班长。一直在山东、鸡泽、北平、迟平这一周。和日本人打过仗，拿枪隔着几里地，打死没打死就不知道了。在曹庄到曲周、邯郸那条大路上截住打的仗。路上有水，过不去，看见日本人、皇协军，我们一个连伤了3个，打死3个。我知道一个皇协军太太坐小轿车在路上水里停着，一个小孩在他娘怀里躺着，八路说是小汉奸，把他摔死了。他娘已经死了。围永年城时我不在，我回家了，后来人叫我，不爱去了，我去了邯郸地区公安队干了5年，在部队上干了1年，一共干了6年。

灾荒年时在家里，吃棉花子皮、树叶子，羊胡子也吃过，小柳叶也吃过，榆树皮还是好的呢！啥叶子都吃过。没下雨，地里啥也不收。灾荒年没粮食，国家都没粮食。淹过，庙都淹了，水又下雨了，1963年下得大，屋里的水都老高。民国32年记不清了。我没出去过，村里出去的不多，曲周逃的多，这边的都去山西去了，洪洞、阳邑。饿死的人很多，没食儿吃，有点病也没东西吃，没钱治病就死了。

听说过霍乱，小时候有，扎扎就好了，有了就叫人扎扎。见过这种病人，大部分肚子疼，上吐下泻，咱村里的病人，不记得具体的人了，大部分要不了命，那扎针相当于村里的医生吧，扎胳膊、舌头的紫筋，扎扎，扎出黑血。我也见过这扎针的，粗铁磨成三棱角，没见过得这病死的。不是光灾荒年有，过了就没有了，是年年有的病。潮湿得的多，干燥得的就少。灾荒年大多是因为生活受损死的。

灾荒年常生蚂蚱，蝗虫晴天有了翅儿能飞了，就满天飞，高粱叶、谷子叶都吃没了，一哄就吃完了。是当兵以后有，我在路上走，往西边，蚂蚱把高粱都吃了。当兵之前有蚂蚱，也有小蚂蚱。八路领导挖沟挖小坑，把蚂蚱撵坑里埋了消灭了，生蝗虫是正常事，都有。

咱村附近有牛尾河，现在往西挪了，南北成直线，叫海河，现在有3里地。河不宽，洺河下来水，牛尾河开口子了，淹了曲周、平阳、鸡泽。河比较小，淹得不多，在柳林口那开的口子。太子桥归曲周东南那边管，离这十七八里地，1963年开口。灾荒年时也开过口子，不清楚。

日本人抓过劳工，抓得多了，回来两个，一个在家死了，还有一个没死，到东北跑去当八路了，退伍回来了，现在在鸡泽敬老院。康清贵。没有抓日本去的，有个邻居亲戚抓东北去了，后来当八路了。一个日本女的在那边当售货员，后来有人介绍结婚了，还带回来了，那个女的在这边什么也不懂，这个女的死了好多年了。

采访时间：2007年10月4日

采访地点：鸡泽县鸡泽镇北关桥光荣院

采 访 人：李 龙 刘付庆生 解加芬

被采访人：康清贵（男 82岁 属虎）

民国32年我15岁了，是八路。家在柴庄。

日本人过来扫荡，没得吃。民国32年旱。有逃荒的，逃到东北。民国32年没有雨。我逃荒到邯郸，被抓去东北了。坐火车好几天到天津后坐到东北。一顿一个窝头，吃不饱，日本监工。在海洲第四坑下的煤窑，一天干12个钟头。死了两回，一次煤窑被淹了，被车轧了一回，在煤窑周边，住了8个月。去了七八个月，回来的少。死了四五个。两个班，一班百十个人。停战的时候回来的。不在煤矿了，就在东北干了两年半小活。光吃高粱米，没有白面，有小米。一天一个人（烧）1000斤炭。一般倒班12个小时，黑班白班24小时不停。日本人打人，没有打死的，光打耳光。有事故，有砸死的。这样死的人不少。井一次出事故就死了六七个。死了不够就再抓了添。有东北人，有内蒙古人。

抓了一屋子的人，一批100多人。有年轻的有老的，有女的（不多），没见小孩。在天津照了个相，检查了身体、牙、耳朵。不合格的叫回来，合格的才去。合格的不少，送回来六七个，老的不要了。在海洲直接下煤窑。煤窑大。四五里地还有水，抽水，潮湿。上来就洗澡，吃了饭就睡了。潮湿好感冒。感冒头蒙。有通风，六七个人一个房，有灯。一天死四五个人，扔到山沟里，没人埋。朋友送我到的医院，日本人检查检查就走了。中国医生给治的。不用交钱，住了8个月。中国医生骗他们说我残了，就叫我回来了，给了我2000块钱。七个人一起被抓了，都死到了那里，3个回来的，一个开小差跑回来了，一个不知怎么了只有自己回来了。

当八路时日本投降了。日本人进东北。在东北当的八路。八路军来了就投奔八路了。日本败了都回来了。这回来少，都死那里了，被水淹出事故，就剩俩了。煤被火车运走了，煤好着呢，用火柴一点就着。

在火车上一顿给半斤高粱面，在车上待了七八天，到邯郸。

参加过抗美援朝。

陈马昌村

采访时间： 2007年10月4日

采访地点： 鸡泽县小寨镇陈马昌村

采 访 人： 王 凯 周 俊 于 璠

被采访人： 高振华（男 82岁 属虎）

高振华

我上过学，日本鬼子进中国都乱了，抓儿童团，小八路军就带走了，老师不敢教就算了。八九岁在刘马昌上的学上了两三年。小时候这个村叫高庄，前街陈马昌，后街刘马昌，从山西洪洞县迁过来的。

家里一个姐姐，我是最小的，俩哥哥，父亲说太小了，不要走（跟国民党军队），俺父亲去了（国民党军队那里），当天国民党（军队）又走了，到现在也没找着人，比我大9岁，一直没回来。家里十来口人，种七八亩地，村小，成天旱地，一亩收4斗麦子，吃秕子、吃糠。灾荒年没逃荒，老的出去要饭来着，去永年那有吃的，我没去。天旱，种不上庄稼，后面又淹了。立了秋下的，胡点糠面，煮煮吃点。我没受很大罪，我在双塔，那边有井，姥爷家吃高粱、谷子，可好吃了。过了灾荒年回来的。民国32年村里死的人不少，之前有三四百口，灾荒年后记不清了。饿死了不少，吃得不好，年轻的还好，老人都挺不住。

有过霍乱，肚子疼，这边得这病的不多。那时有骨（音）病，现在说是肝炎。霍乱多，见过这样的，肚子疼，恶心吐，拉肚子。扎胳膊扎过来了，扎血。那时没有医院，有个人拿三棱针扎，我见过扎针的，能扎好了，一放血，疼点，能止住了，是黑紫血。没记得扎别的地方。有死的，扎不好就死了。有扎好的，有转别的病的。家里没有，那时有疟疾，说是吃的不好得的疟疾，这个病怪，隔一天就犯，12点以后上来病，冷，发烧。

日本人在村里杀过人。大扫荡时，8个死了7个，蔡村那个，说是八路军，用机枪扫射，光知道死了7个人。抓过劳工多了，后街天儿宝、二唐几个人在鸡泽住过，可受罪了。日本人把他们带到那边，把棉花挑着都吃了，不给吃的。那时有皇协军，日本人不懂中国，全听皇协军的。没有抓到外边去的。

灾荒年这边长过蚂蚱，那时好淹，淹了以后生蝗虫，地里挖条沟，被人撵到沟里弄死了，有翅膀就飞走啦。下雨了，河又开口子了，一下大雨牛尾河就来水了。

陈庄村

采访时间： 2007年10月2日

采访地点： 鸡泽县小寨镇陈庄村

采 访 人： 姚一村　李　琳　石兴政

被采访人： 陈桂春（男　80岁　属龙）

陈桂春

我一直住这儿。上过小学，民国26年上的。记得刘桂堂打东边过来，他不正干，从山东那过来的，在驸马寨。

小时候三年两淹，不淹就旱。滏阳河三年两头开口子，一开就淹这，这地势低。淹了这往北流，一直淹到平乡。

解放前种高粱、谷子。我家那会儿8口人，加上俺奶奶9口。姊妹6

个，加上父母。自己的地，一亩地产150斤，俺算是个中等户。当时缴税。那会儿有村长，自己村里选的。这片没土匪，东边邱县有，有红枪会、大刀会。就是在日本（人）过来了，成立个团，老百姓自卫的。团里有枪，不是老土枪，是洋枪。那时候八路军还没来，老百姓自己组织的。自卫团不迷信。

日本进中国打邢台，到鸡泽，从这过。逮了鸡烧烧就吃了。都拿着小旗，上边写着“迎接大日本”，不敢不写。（日本人）不打老百姓，他逮着年轻人就打，认为你是八路军。东南有炮楼，皇协军多，有三两个日本人。皇协军抢东西。

这里后来是八路军根据地，八路军1943年过来的，游击队在这住。兵比枪多，枪比子儿多。

民国32年地里不收，灾荒，那会儿村里都没人了，村里才100多人，朝山西、河南逃荒。日本人来了收粮食。民国32年淹了，滏阳河开的口子。七月初几淹的，那时候在家，才淹了，还没逃。民国32年十二月里跟着俺舅舅朝南逃的，后来又回来了。正月初八下大雪，回来了。

下雨下得淹了，“七月初一阴了天，接接连连昼夜不停下了七八天”。下得河都满了，河比周围的地高得多。河堤不宽，有六尺宽，平常堤比河水高丈把。河南没堤，一下雨水从南边过来，北边堤挡不住。滏阳河东边离这有3里地。民国32年在正东稍偏北马疃开的口子，不是挖开的，就冲开的。是民国32年，下大雨开的。也下，也开口子，村东水高过人，有五尺深。村里高，还没事，地都淹了。民国32年滏阳河开口子淹到平乡那，水从南往北流。南边也淹，顶不多远，朝西顶不到，西边要寨就不能淹。

民国32年那会儿没听说啥传染病，光听说霍乱病，还小，记不准听说过，没见过，不知道啥样。村里没听说有。拉肚子跑茅子有，也不是说愣疼。

那年死得可多了，都饿死。我知道俺这有个陈猛雄，十月里有个会，他赶会去在半路上叫，“我饿得慌，我饿得慌”，你饿得慌，那会儿都没吃的，也没人给他东西吃，就饿死了。

有黑团，日本的，是中国人抢东西。自卫团不中，日本人来了把枪都藏起来了。八路军编的歌“七月初一阴了天……”民国32年以后，解放前。日本人没到过咱这，那会儿鸡泽县政府在这，财政局也在这。日本人牵走过一头牛，还逮走俺这一个人，逮到鸡泽。那时候还不怕日本哩，不给日本交公粮，一来就跑。都不藏粮食，粮都放那，咋藏？没地儿藏。这没听说抢妇女，抓劳工的也没有。逃荒是到曹州，黄河以南，那会儿是河南省，那边生活好。逃的多，也有留在本村没走的。在那边要饭，那边是中央军，没日本人。那会儿中央军就给放点粮，别的不管。那边有八路军。

过了民国32年，民国33年有蚂蚱，打东边过来的，谷子、高粱都十多公分了，蚂蚱一过来吃了，吃得啥也没了。八路军也领着打，打不了。

见过日本人飞机，一个大飞机，大飞机里边“呜”又出来俩小飞机。不扔东西。

1963年，俺鸡泽县庞之民在邯郸是个书记，东边是个水库，扒了个口子朝东边漳河放水，要不是他，这一块就都没了。1963年发大水，没霍乱。

采访时间： 2007年10月2日
采访地点： 鸡泽县小寨镇陈庄村
采 访 人： 姚一村　李　琳　石兴政
被采访人： 陈子春（男　84岁　属鼠）

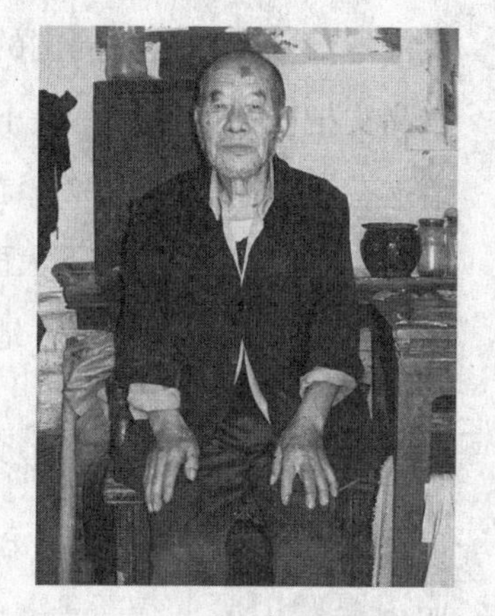

陈子春

我一直住这个村，这个地方以前也叫陈庄。上过小学。

灾荒年逃到北京，按旧历民国33年正月走的。民国32年朝外跑了几趟，不中。那会儿农民种地全靠老天，那年前半年旱，种不上苗，中期下了场雨，种上玉米。后期又淹，苗不成活，籽儿没成熟就上冻了。没井浇地。吃井水。这离河远，不能浇地。那会儿春天种高梁、谷子。春天种不上，就过了五月种玉米。阳历8月21日下的雨，阴历是七月。整整下了七天七夜，有紧点的时候，有慢点的时候，就是不停。积水。苗都淹了。天狗蝇哪年都有，天狗蝇就是高粱穗上生的虫子，比蝇子小。

民国32年滏阳河水过来，到腰深，村外边，连雨水带河水，洪水不大，村里边淹得不厉害，能漫过井盖。滏阳河在永年东边那片淹的，那会莲花口（永年的地方）好开口子。马疃（在这里正东）开口子不是民国32年，还早，日本人还没来。滏阳河经常开口子，民国32年的水往西淹不到魏街，河西三四里都淹。往东开的不多，东边高，有水冲开的。水大，滏阳河低，堤都漫过了，挡不住。往南地势高，冲不开。滏阳河从西南过来，在曲周以西就朝北流。

一般来说就有个霍乱病，吐、泻，民国32年这里有这个病。下雨后有的。不知道有多少人得，死了不少。连饿，带有那个病。见过，没劲，脸黄，连吐带泻。家里有人得，轻，没死了。没医生，就拿个针扎扎胳膊、手指，流点血，黑紫血，有的发黄。那会儿谁知道传不传染，死了就埋了。（霍乱）俺这片朝东，到邱县厉害。

一半以上都出去了。那会儿才200来口，是个小村。

日本鬼子不断地来，来是来，不是很多。到修炮楼的时候来得就多。中国人多，皇协军。民国32年还没炮楼。

灾荒年共产党领着救灾，想一切办法运粮食，就是运不过来，有日本（人）抢。

春天没耩上苗，过了五月下了一场雨，种上苗。苗还没成熟就淹了，淹了那个水还没下去，就冻了。枣红了以后来霜冻，那年霜冻来得早。冬天下的雪，那年下得大着呢。吃也没吃的，共产党运粮运不过来，叫日本人、皇协军抢了。

民国33年闹过一年蝗虫，可厉害了，把地都盖了。那一年又种了绿豆。过了种的，收得还差不多。到民国33年冬天就有点吃的了。民国33年年底回来的，家里去信（到北京），知道家里闹蝗虫。家里有老的。

采访时间： 2007年10月2日

采访地点： 鸡泽县小寨镇陈庄村

采 访 人： 姚一村　李　琳　石兴政

被采访人： 张明才（男　80岁　属龙）

张明才

我民国32年入的党。灾荒年那一年，我在家，没逃荒。后来去东南卖盐。顾住口了。那一年前半截旱，后半截淹。日本人有炮楼，日本人要吃，咱也要吃。那一年没吃的了。

淹水，雨水下的。不是河开口子淹的。村里没有井浇地。

东范庄

采访时间： 2007年9月30日

采访地点： 鸡泽县小寨镇东范庄

采 访 人： 李　龙　李　斌　解加芬

被采访人： 范相臣（男　78岁　属马）

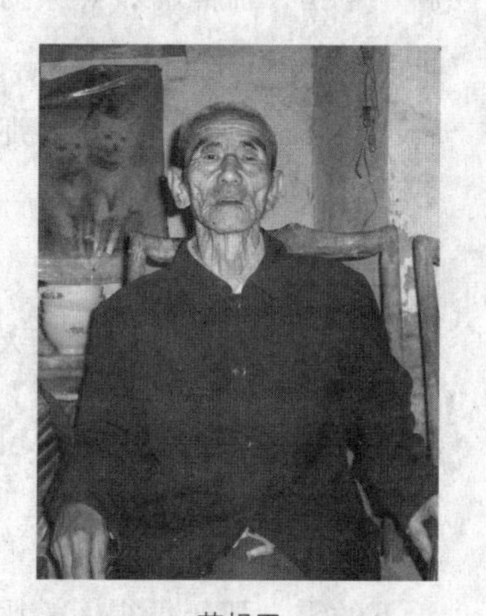
范相臣

小时候很困难，半年糠菜半年粮，吃野菜是去地里挖的，全靠自己家种那点地，种地没井，地里没有水，安不上苗，安上苗也不长，一亩地打200斤粮食就算是好啦，雨大了有时还没收成，就这样。

过了一个灾荒年，民国32年，就是1943年，那年大灾荒，人逃荒都走了，在家不好过，难，野菜啥的，菜缨子啥的都（吃了）。地里有棒子，不熟，后来到顶算是八月前后吧，还多少打点（粮食），种的高粱那家伙、谷子，都稔着苗咧，淹了，大水，愣下得沥水成灾，接接连连昼夜不住，那时唱那歌，下了七八天。就像今天这雨一样，一直下了7天（当日天气阴冷，小雨），七天七夜。后来那粮食籽啊、高粱都死了，不长籽了，光长那个蔓，就没么吃了。

来到这个五月啦，就是麦子熟的时候啦，麦子长得不好，好歹还结个籽吧，就捏下来，可以馏着吃了，在锅里馏馏，可以吃啦，馏了以后扒了那个壳，搁小磨上一垒，磨点面，垒了以后它不是面，磨成末，这样才活过来了。民国32年那会儿麦子收了，收了是收了，太少了，不够吃，那个人那年能吃到么个呀？不见粮，见点了吧，卖了麦子，换点高粱啊，那个人啊就吃不到啥，就不吃。磨点麦子，一斗也就30来斤吧，那还得是个好种。

民国32年先旱后淹，先旱啦，安不上苗，等安上苗了，到后来啊又淹了。日子我记不太准了，按阴历来说就是进了八月里了，就这么下了七天，你想可不大了？下呀，停一会儿，停了又下。（下雨的时候）我就在家里，那都是房倒屋塌，我那个房还倒了个小房，那个大房还没有倒，还不要紧，我那个厢房还是砖墙，没有倒。房子倒的还是不少，有水。那高粱地里有这深的水（用手比画，大概一尺高），净下的水，洼地里深一点，高地里浅一点，不均匀，有的地高点，有的地洼点。下完雨就弄点吃的，高粱，连穗连壳一样的磨了；秕子都吃了，就是那个谷子壳。得病的有的是，不过这个我现在记不清了，咱那时小，才十拉岁，光记得下雨，房倒屋塌的，谁病没病俺都记不中了。

逃荒的也不少。下雨以后都顾不住了，下了以后没法谋生了，就逃走了。下雨以前在这还行吧，好吧歹吧还能维持点生活。吃的吧，正经的粮食很少，都是谷子壳啦、秕子啦，就是不成粒的谷子，粮食配点儿这个。（下完雨以后）那还有啥吃的？要不就逃跑了？那会儿我父亲要把我给了人家，我母亲哭得不行，说要死也要死到一块，不能给，就把我留下了，没给了人。因为没吃的，在家恐怕要饿死了。没有法儿啦，我父亲就想法做点买卖，就在咱这买的布，老百姓织那个粗布，弄一匹布，上山西，日本（人）占着，还不能带呀，（日本人）查你。穿的棉袄，（把布）套到袄里边带上了，去那卖卖，卖完回来了换点儿红薯干，山西有那个红薯干，换点儿回来维持生活。赶到有一次，叫我哥去了，俺哥带着一个被子，把那个布夹到被子里边，就这样背着，到那（邢台）一上火车，上了火车以后，赶到下车哩，唉，一下车，那人挺多啊，见这个被子给抢啦，看被子没啦，没法儿啦，要着饭回来的，要饭当乞丐回来了。回来以后，把我父亲气的呀，一下躺炕上多少日子，把眼给气坏了，看不见了。（往山西）一般能带两块布，一块两丈长。两丈就七米来长。能换点红薯干，换了再带回来。到那比在咱家换得多。去（山西）一趟没有个一定的天数，你看你啥时候能把这个布处理了，出了门，花了钱，那你要换点粮食才能回来。光去不用十天，到邢台就上火车了。这都是民国32年的事，民国32年就是1943年。

（民国32年下雨之后）有人得病，我父亲躺在炕上，眼睛气坏了，就那个。咱小，邻家谁得病不留心那个。（同村王兆盖，60多岁，边上插话说："霍乱病就是那年死的，有三四口人，也不知道是怎么死的。"）我也不知道那是怎么死的，就是人死了，也不知死了几口人，是咋死的。反正谁家死人啦、怎么死的也不知道，那时小，不记这个。

那会儿还没有洪水，没有开口子，就是沥水。

见过日本人，跟咱一个样子，没两样。人都黄色，不过人都好留个小胡儿，穿黄军装，没见过戴防毒面具。我见着日本人干啥哩，那就是过了这个灾荒年以后，城墙坏了叫这的人去修城墙、马路，叫这儿的人去垫马路，我就叫去出工垫马路。日本人跟村要人，你就得去，去那，叫你给他修哪股儿，你就得给他修哪股儿。给钱？啥都不给，饭也不管，白给他修，还打（人）哩。小名叫二棍子，大名不知道，叫日本（人）抓走了，一直到现在没回来，抓到日本国。一般抓那的都是掏煤窑，一直到现在没回来，正在壮年里（被抓走）。（日本人）有时候抓人，有时候要东西。告诉你上多少粮食，上不来就抓（人），不给不行。（日本人）一来了（老百姓）就乱跑。就我那会儿不敢在家，跑地里去。没见过杀人打人。日本人没有来给咱们检查过身体。见过（飞机）在房顶上飞，干啥的咱也不知道。飞机炸曲周那一年，呜愣呜愣多少架飞机扔炸弹，炸死多少人，这个不记哪一年啦。扔炸弹时飞得低。（飞机）看着不小，到底有多高咱不知道。没有扔下过什么东西。

八路军咱这有，不过净偷偷摸摸的，不敢公开活动。后来到 1945 年那一年就公开了。1948 年土改分地，按人口，一口人分多少多少。抗日的时候土地改革，斗争老财，把地主富农多余的地收了一部分，分给贫农了。抗日的时候分地还不是平均分，那时都有地，谁家多少都有点。谁家地特别少，唉，这块给了你，那块给了你；那会儿房子少，没房子，这个房就叫这个人住了，是这个样子。后来到正式土改，就是 1948 年，这才是共产党真正下来领导平分土地，这才按人口，一口人多少（地）分了。抗日战争那时，就是 1945 年、1944 年那时是分地主富农的地，就是地主的地这一块、那一块，给了这个，给了那个。到 1948 年就是全部土地平分了。那会儿个人的地，有一口人划 3 亩的，有一口人划 5 亩的，还有一口人 30 亩地的，可不一定。那原来家里的地，谁愿意卖就卖，谁愿意买就买。穷了就卖，富了就买，地特别不匀。咱街上反正没有地主，有富农，都斗争了。富农不乐意不中，不乐意就强制，抓起来。因为地的事还没人（被）抓，吊起来打、抓的那是有洋钱、元宝啥的，他愣不露，不露就吊起来打。给人家种地，人要多少租子就给人家多少，到时候交来交不来，人都跟你要来，你没瞧过那个白毛女啊？咱这个街没有跟你抢（粮租）的，反正种人家的地，得给人上租子。咱这还没有那大的财主。跟富户的关系也不是绝对的，有的就好一点，有的就赖一点。很恶劣的、不好的那种，斗争得就狠一点。人富户生活当然好，好他也不是说成天吃白卷子，不舍得，那会儿他也是省家的，家存着粮食，那也是省家着咧。他反正留长工，他要吃啥，长工也得吃啥，他吃白卷子，叫长工吃窝子，那影响也不好了。东庄有一个叫打死了，我知道小名叫存子，他是个富农，比较恶劣，斗争时把他拉来了，欺负人啥的，斗争时愣把他给打死了。拿板子愣砸死了，榔头照头上打。不是咱这个庄，东边那条街。

采访时间：2007 年 9 月 30 日

采访地点：鸡泽县小寨镇东范庄

采 访 人：李　龙　李　斌　解加芬

被采访人：王兆盖（男　68 岁）

我今年 68 岁了，叫王兆盖。我家逃荒了，我也逃了，逃到山西侯马（音），侯马是个市，在山西，侯马市南辛庄。俺爸爸、俺妈妈带着我一起逃的，我走的时候还不知道事，回来才 7 岁。回来的时候我还记得，回来的时候查路条了，八路军查路条，你没路条不让你走，那是民国 32 年以后，兴起共产党了，土地改革回来啦。套着个马车，那还不是个马车，带轱辘的车，套着俩驴，就跟那回来了。

生过蚂蚱了，哪一年不知道，民国 32 年以后，蚂蚱跳得屋里都是。春天，来到热天啦蚂蚱到，这麦子有熟的，有不熟的，东边还不熟，就隔这条街，割了麦穗在家，都给你咬了。把那个青苗都咬了，种的那个高粱呀咬得秆也没啦，连秆都吃了。

东木堡村

采访时间：2007 年 9 月 30 日

采访地点：鸡泽县小寨镇东木堡村

采 访 人：张文艳　王占奎　唐继良

被采访人：李永祥（男　83 岁　属牛）

李永祥

我是党员，没念过书，家里务农，和李成祥是亲兄弟。

以前当过民兵，日本人抓八路，日本人拷问党员，我当时 15 岁到 16 岁。当时党员隐藏得深。不敢说他是党员。二十九军是好的，这里一直有土匪。我1943年入的党。

日本人不让中国人过。白天是日本（人），晚上是土匪。日子不好过，日本（人）来了还有土匪。灾荒年雨下了7到8天，没吃的，饿得人走不动。四五里地外有口井。之前旱，雨不是很大，但是下了7到8天。之后，吃麻糁，棉花籽榨油后留下的。饿的人死了，就把他的衣服脱下来换点钱。

下了雨，房子漏，有逃荒到山西的。我们家5口人没出去。我父亲是熬盐的。那时都熬盐。把人家房子拆了熬盐，卖给地主。用盐土沥成水熬盐，换粮食吃，换豆子吃，十几斤豆子。

灾荒年没传染病，都是饿死的。听过霍乱。啥也不能种了。

老蒋打永年城（音），我去抬担架。

采访时间：2007年9月30日

采访地点：鸡泽县小寨乡东木堡村

采 访 人：张文艳　王占奎　唐继良

被采访人：王玉亭（女　80岁　属龙）

王玉亭

我在娘家时是灾荒以前。娘家是贫农。高粱、玉米都有。灾荒年以前3年没下雨。

打的粮食不够吃，一片荒地，我妹去开封了。这儿稍有点面，稍好点。民国32年斗争地主。

日本鬼子见粮食就抢，鬼子都在炮楼，也有在城里的。鬼子来咱村，我们躲在地里，打人要东西的其实是皇协军，日本人不要。

后来下了七天七夜雨，房子倒了，睡在水里。我们那没河。河崩了，是漳河，人都冲走了，是水冲开了，不是破坏。水退得快。

就喝那雨水，那时本来有好几千人，人都要饭去了，没走亲戚，得饿病，人都走不动，没传染病。没听过霍乱转筋。

秋天下的雨，北国村出状元了，下大雨时我嫁过来的，我蹚着水来的。房子都倒了。我来时15岁。

吃蚂蚱，一碗一碗地吃，当时很多蚂蚱。当时没听过霍乱，解放后才听说的。说是扎扎就好，见过。

我常去娘家。

段庄村

采访时间： 2007年9月30日

采访地点： 鸡泽县曹庄乡东孔堡

采 访 人： 姚一村　李　琳　石兴政

被采访人： 薛柴氏（女　76岁　属猴）

薛柴氏

民国32年我在柴庄，在正北8里地，属鸡泽，小寨。下雨时那时在姥娘家，段庄。我没受啥罪，就是吃糠咽菜。

蝗虫多，也在民国32年，是在下雨之前，有四指厚。一齐到邢台，都能飞了。在这不能过河时，在水里一漂一漂的就过去了。地里的东西都被吃完了。我是九月初三走的，九月初十回来了。我们在家就吃野菜、树叶，那年人身上都生虱子，大人小孩都有。

日本人在申园那给滏阳河掘了个口子（朝东），他们怕淹了炮楼。口子开了，有霍乱，一个大爷病死了，死在地里了。就在民国32年那会儿埋那了。霍乱没救，上来就死，传染，一家有这个死了，那个死了，死的人不少。在姥娘家，家里人少，段庄，在西南1公里，灾荒年在段庄，稍富裕点。霍乱哪儿也有。大人也说过，都是听说，不出去。小孩不大得，净大人得，三四十岁的得，壮年人得的多。（薛柴氏丈夫插话说：庄稼人活动多，传染机会多。）死人埋，用布卷卷，草席子埋。没钱使棺材。病就那一年多。有的治好了，有的死了。

驸马寨村

采访时间：2007 年 10 月 2 日

采访地点：鸡泽县小寨镇驸马寨村

采 访 人：姚一村　李　琳　石兴政

被采访人：康会友（男　75 岁　属鸡）

康会友

我从小就在这个村，民国 32 年没逃出去。那年是头年旱，后来淹。先开始旱了，基本上曲周没见人。村里没井，西边有井，能少浇点，好点。第二年就淹了，下雨，河里开口子。下了七天七夜，饿死几十口子人。原来 900 来口，过了民国 32 年死的死，逃的逃，剩 330 来口。反正死了不少，饿死的。

滏阳河开口子。开口子离这有二十六七里地。河水愣涨。开口子在北边，南边地形高。有挖开的，有冲开的，河南农民挖的，这是个地，如果当中不开，就淹了这个地，农民挖的。开口子是经常的事，不过灾荒年也是三年两年地开。灾荒年开了。东西十来里地，南北四五里地都淹了。那年村里没淹，1956 年、1963 年村里淹了。冬天雪不很大。

闹过病，吐，泻，群众都叫霍乱。村里有这个病，家里没人得，村里有人得病死，多了。见过得病，哗哗吐。快着哩。不能喝草药就死了，喝不起。没大夫。不知道传不传染，就那一年严重，现在也有。得病的老人多，年轻的也得，没老人多。

蝗虫是在第二年，灾荒年后来那年。

采访时间：2007年10月2日

采访地点：鸡泽县小寨镇驸马寨村

采 访 人：姚一村　李　琳　石兴政

被采访人：李保金（男　79岁　属蛇）

康东明（男　76岁　属猴）

陈香美（女）

李：我往外走时15岁了，正月走的。该不记得下七天七夜雨。下雨还没走。

康：我没走，在家里，可受罪了。

陈：我九月里逃到河南，下大雨的时候在家咪。

李：淹了，开的河口子。开始老天不下雨，耩不上，后来下了雨，耩上荞麦，还没熟就淹了。河水冲过来啦。民国32年滏阳河开过，南边，黄口，离这30里地。黄口属鸡泽，现在也属鸡泽。下着雨开的，水大冲

李保金

康东明

陈香美

开的，水往北流。南边高，这里洼。朝西淹不多远，朝北流到天津。扒河口不是咱的人，可能是皇协军。那会儿小，说不清。反正那会日本（人）还在这来。

（以下没有记录谁的话）

都饿死了，人瘦得不能走了，不是霍乱。这里是最重的灾区了。不能浇地。谁救灾？没人救。下霜早。下霜跟下雨不是一年。

闹蚂蚱过来民国 32 年了，打蚂蚱那会儿我没在家。太多了，打不住，没人管。

修炮楼是民国 32 年头里。日本人在这修炮楼的时候在村里住，在老百姓家里。修完就上炮楼了。老百姓都跑了。

采访时间： 2007 年 10 月 2 日
采访地点： 鸡泽县小寨镇驸马寨村
采 访 人： 姚一村　李　琳　石兴政
被采访人： 李保同（男　76 岁　属猴）

李保同

我是这个村的人。民国 32 年逃荒，腊月三十出去，第二天就过年了。在邢台待了两年，在那里反正是要饭呗。下了七八天雨，七八月里。没发大水，也没河水开口子。开口子那都不是那一年开的，1956 年滏阳河开过口子。民国 32 年水不大，没多少水，那时净平房，顶上泥上秫秆，全漏雨。谁也顾不上谁啦，吃没吃的，烧没烧的。人死了，屋里也没有埋，都饿得走不动了，谁埋谁啊？就地埋上，也有埋炕上的，上面挖个坑，谁也动不了。

没听说有霍乱病，人都饿死了。我也闹不清那是个啥病，咱也不是医生，过了那个时候我就忘了。

村里仨人跟人随劳工走了，没踪影，听说上日本、朝鲜了，20多（岁），没30（岁）。

过了灾荒年，第二年闹蝗虫，蚂蚱抱成团，成石磙子过河。

采访时间： 2007年10月2日

采访地点： 鸡泽县小寨镇驸马寨村

采 访 人： 姚一村　李　琳　石兴政

被采访人： 李庆祥（男　89岁　属羊）

李庆祥

我就是这的人，灾荒年我24（岁）了，逃荒了。民国33年正月逃的。怎不知道七天七夜下雨的事，下雨后逃的，下雨时我还在家，连下了七八天，没吃的。滏阳河开口子了，河水也不大。滏阳河到南边是东西向的。河水不大，下的雨愣大。皇协军把堤扒开了，把咱这的地都淹了，民国32年的事。开口子在正南三二里地，塔寺桥那儿。（滏阳河南的人怕淹自己）下了七八天，平房都漏了，哪也漏，水还没上了村。

没霍乱，都饿死了。没记得有这个病。没么吃都饿死了。霍乱病上来又是吐又是泻，不知道啥时候来的。

逃荒的多得很。十家人有八家都逃。那会儿村里有900来口，一过了灾荒年还剩300来口。

高庄村

采访时间： 2007 年 10 月 4 日

采访地点： 鸡泽县小寨镇高庄村

采 访 人： 姚一村　李　琳　石兴政

被采访人： 高江清（男　75 岁　属鸡）

我从小住这，以前这里归曲周县。民国时候村里 200 多口。我在家，没逃荒。旱，连旱带淹。三年旱，到民国 32 年淹了。那会儿没井，没河，咋浇地？旱情很重。八月二十一（阴历）下的雨。有首歌“八月二十一，老天阴了天……”下了七八天。下雨淹的。民国 32 年下了雨来了蚂蚱，把苗都吃光了。没河水过来，河没开口子。1963 年开了。

逃荒的多得很，剩了没多少人，有 100 多口。灾情重得很。都饿得得病，浮肿病，有霍乱病，天一潮一阴天，就有这个病。没好法，用针扎放血。有时候放放血就好了，有的就放死了。说不准啥病，上来脸愣黄，哕，是个急病，治住了一两天就好了，治不住就死了。厉害得很，好得快死得也快。下雨后得这个病，小孩不多，就是中年人到老人。没听说传染。潮湿、劳动过度造成的。以前也有，就那一年多。

采访时间： 2007 年 10 月 4 日

采访地点： 鸡泽县小寨镇高庄村

采 访 人： 姚一村　李　琳　石兴政

被采访人： 高　谭（男　83 岁　属牛）

我是这个村的人。上学少，四年。灾荒年在家，出去没有路费。有个歌“七月七日老天阴了天，接接连连下了七八天”。大概是阴历，不确定。

高 谭

发大水了，滏阳河河水。下了雨淹的，开口子了，曲周城南开的，开了不是一个，塔四桥和南桥口。没人管，就冲开了。水不是多大，比1963年差多了。水没到村里，离村有500米，水往北流了，俺这个村比较高。庄稼地淹了，村没淹。善堡那也没进村。

民国31年没种上麦子，民国32年抢种上点苗。一个是淹，再一个是来了蝗虫。淹、旱、虫，还有日本（人），土匪，那一年全有了。这里是敌占区。民国32年那会儿村里也就500多口，剩了200来口在家。

闹霍乱了，不是大批的死人，个别的。我父亲就得了这个病，上曲周卖东西，到地里就得了。哕，泻。民国32年秋天不能动，有病，还没得吃，死到那年了。没听说这个病传染。

采访时间：2007年10月4日
采访地点：鸡泽县小寨镇高庄村
采 访 人：姚一村 李 琳 石兴政
被采访人：高 许（男 79岁 属蛇）

高 许

我就是这的人，这是俺老家。上学上的夜校，八路军的学校。那会儿没入党。

灾荒年在家，没走。照了相要走了，盘缠不够，没走成。地里旱，生的净兔子。一车子一车子地逮，逮了卖，拿网逮。那会儿没井，不能浇地。这里是碱地，沥了盐去卖盐。盐碱地，种了粮长不好。盐卖一块钱五六斤，赶集在炮楼那。这里3里地一个炮楼。

下雨那会儿旱，还不是贱年来。七月二十一（阴历）下了雨，是民国32年。下雨下淹了，没有河水。滏阳河没开口子。民国32年病多着㖭。霍乱一上来不省人事。这个村里有得病的，我家里没有。没见过得病的。俺村里不多，死了一两个。外边村里死得多。

那会儿村里没走的时候400来口，一走了还剩200来口。八路军也管，都去领救济粮。俺家里4口人，领了12斤。有个人去领粮食，走到半路就饿死了。拿小布袋子逮蚂蚱吃。蚂蚱搁东北来的。

日本鬼子整天来。俺村里有两个村长，管八路军那个叫村长，管日本人那个叫大乡长，他管四五个村。老百姓谁的都听。日本（人）来了就找乡长，八路军来了找村长。乡长算汉奸，倒是不害人，还放过粮。放高利贷，是个地主。

村里有民兵，村里十八九岁的年轻人参加，自卫的。我参加了。俺这边还没事，贯庄那的民兵连长让皇协军知道了，都枪毙了。日本（人）走了，儿童团才变成民兵。

日本人对村里哪能好了？日本（人）没来抢过，皇协军抢。

有土匪。皇协军打土匪。土匪抢老百姓的豆包，正烤着吃，皇协军来了，把他们逮起来，撂火上烧得不成样。八路军远，土匪来了，老百姓就向皇协军汇报。

采访时间：2007年10月4日

采访地点：鸡泽县小寨镇高庄村

采 访 人：姚一村　李　琳　石兴政

被采访人：高玉清（男　78岁　属马）

高玉清

我是这个村的，从小住这。1948年入的党。那会儿20岁了。上过学，17岁上的，解放那年上的。

灾荒年在家，没逃荒。那会儿穷着咪。八月二十一下的雨，下了七八天。蝗虫把高粱都吃了，男女老少都到地里逮蚂蚱，逮了吃。饿急了什么都吃。不好吃。

民国32年有大水，连河水带下水（下雨）。水到膝盖。在王庄开的口子。王庄紧靠曲周，滏阳河开的。能淹到这里。下雨过大，西边山上的水一下跑滏阳河，把堤冲崩了。地里水深，村里没有。民国32年我记得到王庄堵口子。村里派的。堵住了。

灾情严重，有逃荒的，到山西洪洞。我家没钱，不能坐车，没法逃。他们坐车逃的，坐汽车，日本人的，他们卖票。

有霍乱病，一上来就用针扎，扎出来放放血就好。蚊子咬了好得那个病。闹不清什么症状，没见过。是个急性病，村里不很多，不传染。灾荒年以前也有。羊毛疔是天热七八月得的。民国32年有。闹灾荒谁管？日本人到村里抢粮食。有点粮食都藏起来。那会儿共产党不中，白天不敢露头。

西边善堡有炮楼，多着哩。那会儿八路军很少。日本人抓过劳工。皇协军跑村里来要兵，老百姓不愿意去。

有土匪，光这个村里有8个土匪。皇协军也打土匪。有黑团，日本（人）的组织，抢老百姓的东西，打八路军。

李贯庄

采访时间：2007年10月2日

采访地点：鸡泽县小寨镇李贯庄

采 访 人：王 凯 周 俊 于 璠

被采访人：李考向（男 82岁 属虎）

我上过三年学，现在都不认识字了。小时家里有姊妹五六个人，家里种二三亩地，吃不饱，赶点集卖点东西，推煎包到东边小寨集。

灾荒年逃到山西榆次，有好几百里，坐火车从邢台到榆次，拿钱买火车票，那时还没钱。我还小，一家人都逃了，冬天出去的，待了两三年才回来。

李考向

灾荒年村里死了不少人。种谷子、玉米，收成不好，吃高粱、窝头，吃糠吃菜，逃荒的人多，都往外逃了，后来回来的也多。

发大水这边淹了，下雨下的水。灾荒年是日本人来过又走了，打死不少人。

采访时间： 2007 年 10 月 2 日
采访地点： 鸡泽县小寨镇李贯庄
采 访 人： 王 凯 周 俊 于 播
被采访人： 王达香（女 92 岁 属蛇）
孙双玉（女 76 岁 属猴）

王：我娘家姓王，是刘马昌的。我小时没上过学，19 岁嫁到李贯庄，老头子 23 岁到小寨镇当兵打仗，头一仗就打死了。那时我 19 岁。灾荒年家里没吃的，饿得不行就来这儿了，这儿还是穷，我一辈子苦死了，兵来时我左眼被打瞎了，灾荒年下了很大的雨。

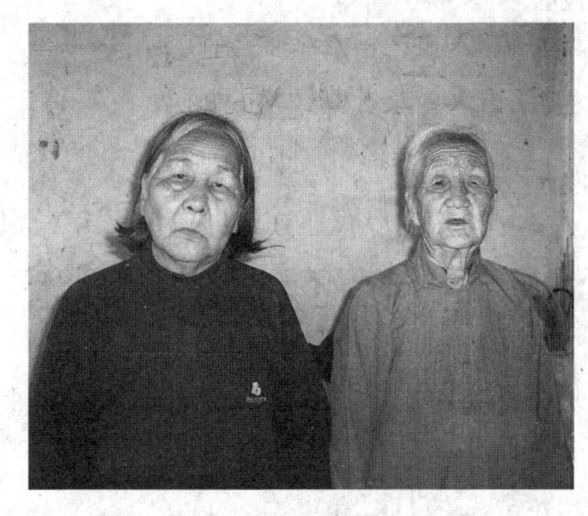
王达香（右）、孙双玉

孙：我娘家是南河县的，12 岁来李贯庄的，人们都逃出去了，我娘病了饿死了，爹也在庙里饿死了，一家人都没了。村里先淹后旱，有个兄弟和一个妹子过了年也死了。老头子气管炎上不来气，是肺气肿，病了七八年了，到冬天不能动了，死了6年了，丢下我一个，孤儿寡母的。过灾荒年可苦可苦了！又下大雨，平地都淹了，六月份一直阴天，七月就下雨，水没过膝盖，禾苗都泡死了。房子也倒了，过了1943年都没人了。俺村地势高，住的庙也是人，孩子们饿，在那地里找菜吃，大人顾不得孩子，孩子没人要，那时孩子六七岁都饿死了。

听说过疟疾，没人得过，灾荒年有霍乱。听这村说有霍乱，上疟疾身上没劲儿，没医生，都耽搁了，都是饿引起的，这时人都穿好的，当时穿不到棉衣，冬天下雪，小孩的尿都冻腿上了。

那时有个妇女闯了祸被抓游行，脸肿得跟瓜似的，被打得烧得脸、胳膊几乎不能睁眼了，后来一直打针，那人可忠实可好了，落了个心脏病死了，死了之后人人想，叫李钟秀。

李 街

采访时间：2007年9月30日

采访地点：鸡泽县小寨镇李街

采 访 人：李 龙 李 斌 解加芬

被采访人：李长静（男 80岁 属龙）

民国32年我还在这儿，灾荒年，很多人都走了。民国32年不下雨，旱了一年，一直不下，后来才下雨。民国32年死了很多人，饿死的，有得病的，说不清得的是什么病。

民国32年没淹，西南有水，河里来水，民国32年水说过来就过来，说不过来就不过来。

日本人在这儿，老干坏事，数不清。

采访时间：2007 年 10 月 4 日

采访地点：鸡泽县小寨镇柴庄

采 访 人：王 凯 周 俊 于 璠

被采访人：李常珍（女 77 岁 属羊 娘家李街）

王二妮（女 77 岁 属羊）

问：上过学？

李：没有，妹子上过，在自家村里上。

问：家里几口？

李：姐妹三个，妹妹死得早，还有个哥。

问：那多少地？

李：没多少地，3 亩地，不够吃，吃糠窝子。

李常珍（右）、王二妮

问：日本人还记得？

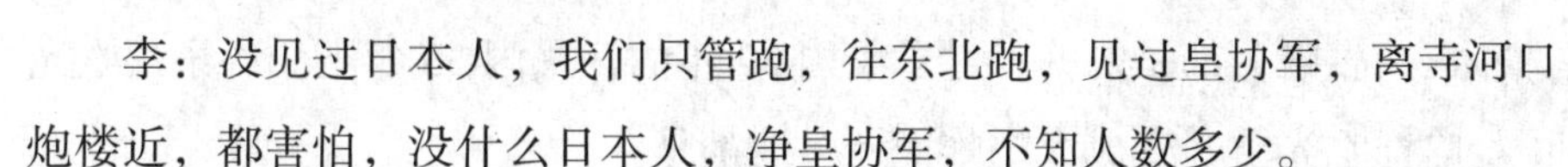

李：没见过日本人，我们只管跑，往东北跑，见过皇协军，离寺河口炮楼近，都害怕，没什么日本人，净皇协军，不知人数多少。

问：皇协军常去村里？

李：皇协军来了，我们就跑，皇协军是本地人，抢东西，盖的稍好点也抢走了。不杀人，光抢东西，要吃的。陈马昌打死过好多人，那时我还没来，听说的要东西，不给就打人。

王：那咱都没见过。

问：灾荒年您多大？

王：不记得，逃出去远地，没去山西，去西边高杨村要点吃的。

问：这边下雨？

王：下了七天七夜，六月份下的，没吃的。

问：春天下雨？大旱了吗？

王：灾荒年就是旱了，没种下苗啊。

问：上水没了？

王：没怎么上水，房子倒了多了（解放后）。

问：灾荒年死人多么？

王：死人不少，饿死的。

问：有病死的么？

王：有了病也不会治，不能治，离那儿会打针的远，吃草药，不会打针就死得快，没县城。

问：听说过霍乱？

王：灾荒年肚子疼，扎针，扎好就好了，出点血就好了。没见过，光听说了，扎胳膊窝。

旁男：1963年发大水时，我得过霍乱，肚子疼，掐胳膊，扎针，喷黑血，不吐，就肚子疼。

问：死过人么这病？

王：可不死过人，灾荒年就有人因这个死了。

问：灾荒年长蚂蚱？

王：多啦，都是蚂蚱，过了民国32年的，民国33年吧。谷子都吃光了。啥都吃光了，变成大蚂蚱了，一地都是。

问：日本人抓劳工吗？有抓去日本的？

旁男：我孩子大爷抓日本去了，一直没回来。

问：哪年被抓去的？

旁男：灾荒年前后的事，打听过，也没回来过。

王：我还没嫁到这个村，一直没回来。

问：就抓了他一个吗？

旁男：抓走两个，去了日本都没回来，那个柴文起。

刘马昌村

陈连忠

采访时间： 2007 年 10 月 4 日

采访地点： 鸡泽县小寨镇刘马昌村

采 访 人： 王 凯 周 俊 于 璠

被采访人： 陈连忠（男 82 岁 属虎）

我从小就在这，属小寨镇。我不认字，上过两年学，不顶事。

日本人来时我 12 岁，不上学了，日本人在这 8 年，不住在这。我见过日本人，大扫荡。日本人杀过人，叫二狗傻，姓王，20 多岁，小 30 岁。日本翻译官说他是八路，杀了没关系，死啦死啦的。他（日本人）说，死啦死啦的，拿钢刀。村南，带走二三十人到鸡泽公安厅，说是八路，讨个钱，找个熟人，都回来了。日本（人）扫荡，不到天明来，太阳快落才走，带一个打一个。我藏到大院子里，把门垒住，没逮住我。他们都骑马来，套着牛驴车抢粮食，有日本（人）有皇协军。年底来，没有，就抢。我家里有粮装个缸埋了。

咱村里有八路，没有正规军，有游击队，打不过人家。也要公粮，我们都掏粮食，他们掏钱买，也埋，用皮子围起（四周有麦糠），不返潮，一个好几千斤。

没有抓到日本和外地去的。

灾荒年是民国 32 年，我 18（岁）。贯庄、三浦那里比我们还穷。小寨有个炮楼，有好几条大狗，过不去，我跟爹去贯庄卖大梁，被日本人逮住，我爹推大车，我推小车。日本人下来要，有车来，有很多木头，不知道哪的，被扣下了，让我们走了。

逃荒的不多，贯庄多。我去过山西，卖过东西，挣点粮食，扎到腰里，怕查到，不能超过30斤，到山西南。去过两回，去过太原（过了灾荒年），去赶集。没有粮，赶个集，置个钱，去河西柳林口那打工。

8个月没下雨，下雨时都冷了，八月底种上麦子，没种（子），富农有，放高利贷，拿粗粮3升换1升，种上麦；来年种豆，没种（子），再用小麦3升换1升。

下雨接连下了七八天，就七八天不停，急一阵慢一阵，土房都轰隆倒了。漏雨拿席打棚子。水不大，没淹，就下得太多。喝井水。民国32年前半年旱，没水，村西挖土井，浇地，村里有砖井。烧个水也没得烧，可受罪了。这扒扒，那扒扒。炕席、牛粪。人死了也不太多，记不清，没有吃的，都饿死了。5里地有小河，牛尾河，民国32年没开口子。

有病的多着呢。他大爷爷家，一年一家死了7口，有老有小，传染，没医生。霍乱听说过，没听说过死。有得这病的，都是夏天。灾荒年没得吃，不是病也得病死了。上来就颤，不清楚抽筋吗。肚痛的多，不记得呕吐。治得不多，没赤脚医生，有老医生，有的能治，有的治不了。草药多，行针，有快有慢。

长过蚂蚱，不记得哪年，黄的，围得一层一层，打不了。那时日本人还在。五月份打小麦时，从曲周滚成蛋漫天飞，高粱都被咬掉了，高粱穗都快熟了，咬掉了。有两回飞得看不到月亮，在这天数不少，来时还没翅膀。

马贯庄

采访时间： 2007年10月2日

采访地点： 鸡泽县小寨镇马贯庄

采 访 人： 王 凯 周 俊 于 播

被采访人： 方学礼（男 81岁 属兔）

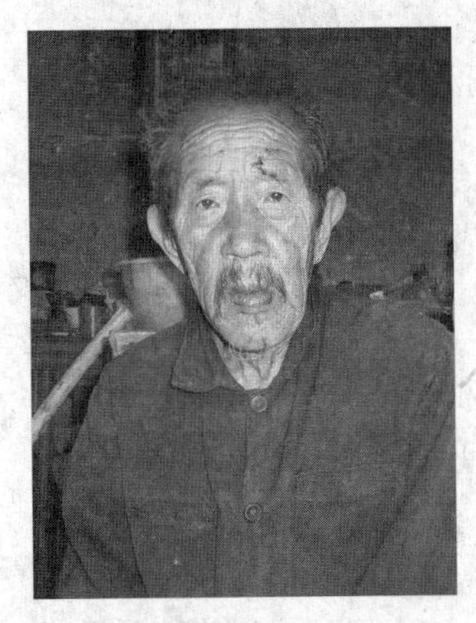
方学礼

我 11 岁在这边上过一年的学，日本人来时我十一二岁，没在这村住过，（日本人）在小寨的炮楼。我见过日本人在小寨，日本人来过这村抢东西，啥都抢。小寨和鸡泽都有日本人，挺多的，一个连，剩下的是皇协军。皇协军闹得很，见人就打，也抢东西，日本人也抢。日本人没杀过人，抓人到小寨去修炮楼，抓的人不多。没有抓到日本的。

灾荒年村里没吃的，人都跑了，没人收粮食。七八月下雨的，之前春天也下过。年景不好，不能干活，日本人来了净打净杀，地里不长庄稼，也没种庄稼，雨下得很大，最厉害的下了七八天，地里水深，村里没淹，后来几年淹过。

灾荒年死人多，我小，不清楚有多少人死了，是饿死的，在村里饿死的，有得病死的。饿着没吃的就生病了。没见过蚂蚱。没听说过霍乱，没人得这种病。我逃到了东南 300 里左右的山东，那儿还没有日本人，不知道具体是什么地方，跟家人一起走了三四天，在那待了五六个月，冬天逃的，大约阴历一月份回来的，山东那有八路，有吃的。

当时家里六七口人，哥哥当兵走了，就那年年景不好，他在山东当兵，是八路军，解放后回来了，现在不在了。我没打过仗，村里也没有。日本人在这里路过，没打过。村里有八路，正规军后来来过，日本人就走了。八路来了就再没走。那时有国民党，日本人来之前就有，在城里住。没有土匪。

孟贯庄

孟光华

采访时间： 2007年10月4日

采访地点： 鸡泽县小寨镇高庄村

采 访 人： 姚一村　李　琳　石兴政

被采访人： 孟光华（男　72岁　属鼠）

民国32年我在贯庄。我不是这个村的人。有逃荒的，我没逃。发大水了。下了好几天雨。闹霍乱病的多着来，闹不清啥样。

孟广会

采访时间： 2007年10月2日

采访地点： 鸡泽县小寨镇孟贯庄

采 访 人： 王　凯　周　俊　于　璠

被采访人： 孟广会（男　86岁　属狗）

我八九岁上的学，上了三四年，小时家里姊妹4个，父母、爷爷、奶奶，老人在灾荒年没了。这儿地不多，家里种了二三十亩地，粮食不够。有的一家五六口都饿死了。村里以前有七八百人，灾荒年之后剩200人了。八路军召集开会人都没劲儿了。

民国32年没粮食，我逃荒到了邢台东边的南河过秋荒，春天顶不住了，下点，苗也不长，在南河待了二三年，卖卷子馒头赚点麸子拿回来。

民国32年没人收粮食，上大水，房子倒了，下了七八天的雨。河没开口子，下雨不停，一个劲地下，地里的水到膝盖，地里都有水，剩下的没倒的房子有限。死人不少，都饿死了，不知道有没有霍乱，东边的一个人没走到家，感冒拉稀死了。还有家七口人，一个没落，都死了。后来八路军来了。

日本人在这住了十几年，皇协军见人就打，那还是咱中国人。有个炮楼崩了两个人，带走了三个，一个是民兵队长，死了两个，回来一个。东边那个没走到日本就死了。

灾荒年的第二年有蚂蚱，八路军来了，十几个人跑到西边赶了两天蚂蚱，地里没食。我们邱县、曲周、鸡泽的一起赶蚂蚱。

采访时间： 2007 年 10 月 2 日

采访地点： 鸡泽县小寨镇李贯庄

采 访 人： 王 凯 周 俊 于 璠

被采访人： 孟金爱（女 77 岁 属羊）

孟金爱

我 16 岁才来的李贯庄，娘家是孟贯庄，我来时灾荒年已经过去了。我有一个亲戚逃荒就没回来。年景不好，我 3 个哥哥，一个被皇协军打死了，抢东西他不愿给被打死了；一个跟俺娘逃出去了，死在南边了，三个人埋了一个坟里。逃荒时家里老伴儿有病，上不来气儿，头年俺孩子有病死了，第三年他死了。我逃到西边二三十里地，后来又回来了。听说那边给粮食就自己去了。

灾荒年旱不下雨，死的人多，孟贯庄死了一半还多呢。上大水时我逃山岭去了，下了八九天不停，没有烧火的柴，房子倒了，村里有饿死的，有病死的，肿脖子死的，吃不了饭。小孩老人都有生病的，那时我是小孩，这些还不懂。听说过霍乱。拿针扎，一发能发好几个月的病。好年景也有。灾荒年吃野菜吃得不对就生病了，人会肚子疼，我还得过呢，腿不好，喝大米汤喝的，吃鸡蛋就好了。

还有蚂蚱吃苗，我们煮蚂蚱吃。

日本人不杀人，皇协军杀。

采访时间： 2007年10月2日

采访地点： 鸡泽县小寨镇孟贯庄

采 访 人： 王 凯 周 俊 于 播

被采访人： 孟昭明（男 86岁 属狗）

孟昭明

我八九岁上的学，上了三四年，会写字，小时家里人多，一过民国32年人就少了。我15岁时分家了，以后过民国32年，父亲和祖父饿死了，一个妹妹被领走了，之后家就零碎了。

灾荒年时没食儿吃，东逃西逃，逃哪儿的都有，我也逃到陕西榆次，待了几天不中没饭吃，又回来了。冬天去的，在那儿没过年又回来了。到榆次有五六百里地。在路上要饭吃，走不动挤了一段火车，人家和我们要钱，没钱就挨打了。坐到邢台到榆次的，空着手回来的，那时我20来岁。

民国32年下雨淹了七八天，七月份下的雨，河也开口子了，水不深，1963年水很大，1956年这也淹了，大水进地没进村，灾荒年地都淹了，苗都没成根。下雨下得滏阳河也开口子了，自己开的。水没进村，房子也没倒。村里剩了600多口人，之前村里有千八百户，那时我小，也记不清了，人都是饿死了，有逃荒的，有在家饿死的，有得病死的，都饿得生病了。

灾荒年没听过霍乱这种病，后来出了羊毛疔，听人说的，像是身体里有毛毛，用针挑出来就好了。是民国32年之后的事，怎么治的我也不知道，有人会挑挑出来就好了。听说过疟疾，经历的老人都死了。

日本人没在这边住，小寨里有，农村没有。在小寨炮楼里住。这村一直叫孟贯庄，归鸡泽管。日本人在这杀过人，皇协军杀的，荣林娘，一个女的，是共产党封的劳动英雄，她是共产党，劳动好，是贫农，曲周的日本人在炮楼里支配皇协军来把荣林娘杀了。离鸡泽20多里，离曲周12多里，她死的时候不很大，她家里现在还有人，那时我20多岁，我也是听说的。还带走3个人到日本，有一个没走到塘沽生病了就没去，另两个去了，一个死在了日本，一个解放时回来了。在煤窑里烧煤挖煤，还经常挨打。日本人抓人修炮楼，给马路挖沟挖河。我见过日本人，从南边来的，十多个吧，走路经过的，不骑马。日本人从这边过时没抢东西，曲周来的皇协军抢粮食。

孟昭兴属牛，83岁，村里和我这么大的还有一个，孟广会，和我同岁。剩下的都比我小。

采访时间： 2007年9月30日

采访地点： 鸡泽县鸡泽镇老年综合服务中心

采 访 人： 王　凯　周　俊　于　璠

被采访人： 孟昭兴（男　83岁　属牛　鸡泽县小寨镇孟贯庄人）

（照片中右为孟昭兴之妻慕巧云，82岁，属兔，鸡泽县小寨镇张屯庄人）

鸡泽从民国起就归邯郸小寨管。我10岁时在自己村的淮河小学上了三年小学，那时没有女生全都是男生。家里有一个哥哥一个姐姐，灾荒年都分开了。

民国32年上了水，先旱后淹。禾苗都旱死了，大水又上来了，曲周东面旱得还厉害呢！春天没种上庄稼就旱了，七月份下雨下了七天七夜，家里都淹了，小寨村以西都没有淹，东面都是水，村之间没法走路，村里没有水，地里水很多，院子也进水了，一尺多深。水是从滏阳河来的，河开口子，在鸡泽南边的一座桥那里决堤了。距离村子有两里地，在村东边。后来送了鸡毛信，群众就把口子堵上了。

孟昭兴（左）、慕巧云

灾荒年死的人不多，没记得有生病的人，也没记得有霍乱，本地人知道路，死的人不多，外地人不知道路，淹死了。也有过蝗灾，大水过后民国33年春天，从河东来的。

日本人什么时候进鸡泽我记不清了，见过日本人，在小寨镇有一个排，大约20个吧，有子弹筒没大炮，步兵。县城里也有，寺河口那有个炮楼。日本人不抢粮食只抓鸡吃，不吃本地的粮食，都是用火车运来的罐头什么的。皇协军比较多，什么都抢，抢了就成自己的东西了。日本人平时不出来，待在炮楼里，属于治安兵，不杀人，皇协军杀。那时也有八路军，但是比较少，因为子弹、枪什么的都没日本人的多，可以这么说：人比枪多，枪比子弹多。也就游击队有这些家伙，别的都没有。我就是游击队的。摸过枪但没打过日本人。

日本人在这边没杀人，皇协军杀，杀了当时我们村负责人孟广平（民兵总队长）、孟广颜（信用社成员）、孟广爱（信用社主任）、孟召显，还枪毙了一个女劳动模范，叫柳在秦。因为他们是八路军的民兵负责人指挥员什么的，我当时在旁边看着他们死的，全村人都去了。这些是河开口子之前的事。皇协军的负责人是曲周的大队长，叫张子峰。皇协军抓过4个人去日本当劳工，日本人还在这边时就回来一个，王信之，后来当八路走了。

我们在队里面主要是除奸防特务，自己有自留地和菜地。

王秀莲

采访时间：2007 年 10 月 2 日

采访地点：鸡泽县小寨镇张贯庄

采 访 人：王 凯 周 俊 于 璠

被采访人：王秀莲（女 76 岁 属猴）

我小时候家里姊妹 4 个，哥、弟、妹、我。灾荒年时我 13 岁，自己逃荒出去的，没有车，要着饭往那走，没吃的就饿死了，吃糠吃菜槐叶，走了 20 多天，一天十来里地，去了山西的一个不知道什么名的地方。冬天逃的，第二年秋天回来的。23 岁来的这里。

灾荒年不下雨，没吃的，死了好多人，一大家子都没了。孩子大人都不顾，死外面了，生了孩子扔地里街上，互相顾不了。东面的村子俩孩子扔村里不拾，都饿死了。上大水了，淹地了没进到村里，不能耩苗了。1963 年（水）大。

听说过霍乱，肚子疼，没见过，治不住就死了。还有羊毛疔，长疙瘩，跟猪毛羊毛似的，用针挑拿刀子割，豁开口，挑出来就好了，可遭罪了。见有人挑过，在脊梁上。灾荒年有这病，以后就没这个病了。

过了灾荒年就长蚂蚱，我们就吃蚂蚱，把屎弄出来。

过日本时我才七八岁，还在孟贯庄。我见过，在驸马寨、小寨都有炮楼。皇协军卖国，抢百姓的东西，铺盖、吃的都抢，还要吃的，天天给送东西，不送就来抢。日本人不杀人，只逮八路杀。修炮楼时抓过人，孟贯庄有 3 个抓到日本去了，回来 1 个，那 2 个死了。

善堡村

采访时间： 2007 年 10 月 4 日

采访地点： 鸡泽县小寨镇善堡村

采 访 人： 姚一村　李　琳　石兴政

被采访人： 刘计贤（男　82 岁　属虎）

刘计贤

我是这个村的，从小就在这。这里以前就是鸡泽的。灾荒年我在家来，家里有老人，逃荒逃不出去。这个地段十年九淹。南边有个滏阳河，不能见水，见水就淹。河堤没人管，和平地平了。

民国 32 年下雨了，下雨年岁就在七月边里。民国 32 年口子没开。民国 32 年水到大腿根，不是河水，是下雨淹的。街里没水。那一年啥也没收了。之前有六七百人，过了灾荒年，剩二三百口人。

霍乱、伤寒都有。霍乱病就是着了凉，肚子疼。肚子疼，用笨法，老中医在腿弯放放血。这里就民国 32 年有伤寒病。

寺河口村

采访时间： 2007 年 9 月 30 日

采访地点： 鸡泽县小寨镇寺河口村

采 访 人： 靳爱冬　张海丽　齐　飞

被采访人： 郝玉山（男　82 岁　属虎）

灾荒年（民国 32 年）家有 6 口人，9 亩地，粮食不够吃的。日本人没来，水下潮气长，人人得霍乱，七天七夜雨没停。逃荒的人不多，自己没去逃荒，在家，吃糠、树叶、野菜，吃得脸都肿了。霍乱症状唠泻。原因饿的。死了很多，附近有个庙，也有饿死的，逃出去的有没回来的。霍乱不多，得了就死了，没人治，无医生，没会扎针的。搞不清霍乱在雨前雨后，不记得除人有霍乱外，动物是否得过。得霍乱的有大人、小孩，不知谁得这病的多。

郝玉山

喝雨水，生的。没听说过滏阳河决口，没改过道。

民国32年没发过大水，一九五几年、1963年的时候发过大水，日本人走了，河决堤有很多鱼，是活的。发水后，不知道死过多少人，应该不是很多，没听说有什么流行病。

日本人在村里待了，皇协军把家里的牛牵走了，还得自己给牵去，不牵就挨打。有炮楼，在村当街，马路西边。日本军的番号不知道。炮楼是日本人盖的，皇协军住。日本人约20人，住鸡泽城。为防人去，挖了沟并栽有尖木。日本人来村里抢过东西，像鸡。

见过日本飞机，上面有红月亮，来村里轰炸。日本刚进中国的时候炸鸡泽城，民国32年前。没见过日本人在村子里扔过什么东西。

对日本人的印象：日本人不干好事，见人就打，抢，没见过杀人，听说在杨庄用刺刀挑过老百姓。听说日本人来了，人就跑到地里去了，晚上再出来。日本人来是皇协军领路，刚来时，不抢东西，让每户去报告汇报一下，发良民证，附带相片，日本人给照。日本人问村里要东西（向村长说，村长是村民选的），不给，便抓人。日本人穿黄衣服，见过戴口罩的，没见过穿白大褂的。

发过大水，日本人走后只留下了炮楼。

采访时间： 2007年9月30日

采访地点： 鸡泽县小寨镇寺河口村

采 访 人： 靳爱冬　张海丽　齐　飞

被采访人： 孙刘氏（女　83岁　属牛）

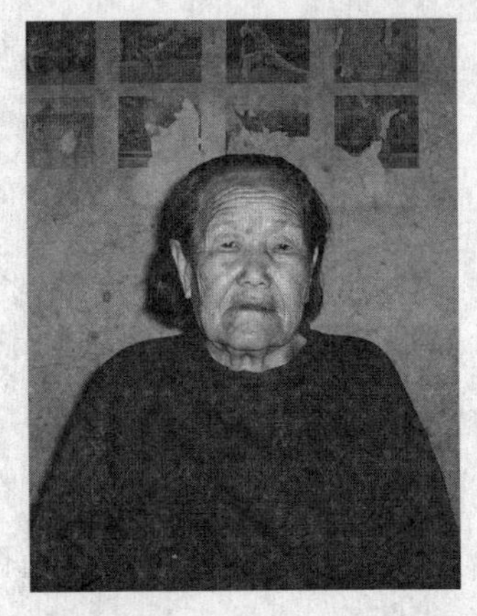

孙刘氏

民国32年六月的时候下了一点雨，到八月的时候下了七八天，他爹逃到侯马去了，他叔在榆次。一年没落雨，都没吃没喝的，还不得病啊？他有一个弟弟、一个哥哥8个月就死了，那个哥哥已经4岁了，没吃，没喝，一个十月二十八日，一个十一月十五日，三个孩子给扔了，实在是没吃没喝啊！平时就煮点野菜喝。大人有死的，不知道什么病，没吃没喝死许多，去庙里住，自己的房子倒塌，全逃庙里了。死的人小孩多，饿死。野菜、小枣煮了吃，旱时一年多无雨，民国32年八月连七天下大雨，地里不产粮食，5亩地吃了一顿。家里有碱地八九亩。家里8口人，我丈夫，3个孩子。没回娘家，娘家情况与这相同，姐姐死去。

听说有霍乱，自己不清楚。大雨后，潮，人就得霍乱了。听说过没见过，俺这个村人少，出去的有不少，都逃荒。逃荒都死在外面了，没回来，家中孩子的姑姑逃出去没回来，三姑、四姑。

霍乱时日本人走了。我见过日本人，赶曲周集的时候，都不高，头上戴着铁帽子，我在旁边的小路上，我也不敢抬头看，日本人不好，说话也和咱不一样。日本人在俺这个村里没杀人。

那几年生蚂蚱多着哩，过了五月，地里大蚂蚱一堆堆的，不能吃，有毒，那没人吃，地里一堆一堆的，红肚，没翅膀，小蛾子，人都用柳条枝子、鞋来打死它们，打得多八路军表扬，说俺们打得好，民国32年的时候八路军隐藏着住。

有炮楼，我那年15岁，今年83岁，属牛。伪军住，日本人住鸡泽城。要军人，日本人发钱，村里人必须有人去，给村子里的人，给村里要，该去几个去几个，不愿意去。民国32年种小菜，萝卜，吃缨子，有的也卖。“民国32年真可怜，前半年旱，后半年淹”。滏阳河有水但没有决口。家里人逃荒，八口人剩两口，父母逃去山西，叔逃去那里打工，都回来，第二年回来的。见过日本人飞机，不知是不是日本人的。见了飞机就藏。日本人去炸鸡泽，我13岁时，日本人进中国，进鸡泽城，15岁时修炮楼，民国32年。

发大水时在井里喝水，下雨时井没淹，打水喝。喝井水，烧开了喝。不是因为喝水生病。日本人不吃中国东西，有得霍乱活下来的，百姓见日本人就跑。他们抢粮食，百姓藏起来。没有见过日本医生。没有见过日本人穿防护服。这里没打疫苗，不知道城里有没有打。霍乱在此不严重，都是饿死的。

魏　街

采访时间： 2007年9月30日

采访地点： 鸡泽县小寨镇魏街

采 访 人： 李　龙　李　斌　解加芬

被采访人： 李梅科（男　73岁　属猪）

李梅科

民国32年我刚记事儿，那时很小，我1935年出生，那时才七八岁。民国32年我光记得俺家这个院是两半，我在东半院，都是泥坯房，一下雨就漏。往西边有个小庙。民国32年那年死人最多了。从××来的人，一个孩子和他娘，在这个小庙里住着，要点吃的，到后面要不来了，把他娘饿死了，那个小孩也就七八岁。那个小孩在那坐着哭啦。我说：“你别哭啦，给你弄两碗炒面，你往西走吧。”给他两碗炒面，秕子啦，糠啦，弄点儿炒面，不然饿得走不动了。那个小孩就走了，走了以后，俺把他娘给埋了。头七八年这个小孩又回来了，说在山西洪洞啥个村里，说我要到那就找他去，我领着他去找他母亲的坟，还在坟前流了不少泪。

民国32年那年下雨下了七八天，到后来那地里就不见人。俺这1000多亩地，一百四五十口子人，都没人种，都不能安上苗。春天里不下雨，后来下雨，几月份下的记不大清（妻子插话："八月初一老天阴了天，接接连连昼夜不停下了七八天"，"七月初一日，老天立了秋，有些汉奸去报告，伪军下了楼，别个村子不去，单去四贯庄，誓死保卫四贯庄，牺牲了荣林娘。荣林娘，死得苦，赶快……"），讲的是驸马寨那个事儿。

我小时冬天光一个破袄，再啥都没有。民国32年那年死人最多了，特别是驸马寨那个村，我光记得我还小时，在炕上躺着，俺爹做买卖的，卖点豆腐，灾荒年都没人吃，弄点豆腐朝西边卖，朝邢台走那路上，这场死一个，那场死一个，逃荒逃得你没啥吃啦，都饿的就饿死了。

民国32年旱，没下雨种不上苗，地里没苗。有打工的，有要饭的，家里好点的就不用动了。俺家光俺父亲，还有俺大爷，都是扛长工的（就是打工），扛长工一年也就五六斗粮，五六斗高粱，也就是一百五六十斤一年。

下雨后有得病的，得霍乱病，没有上哕下泻，饿的肚里啥也没有，不能吃，没吃的，没东西哕泻。得霍乱病就跟感冒那个性质差不多，传染病，人过凉了，吃不了粮食，一感冒就不中了，饿得没有抵抗力了，饿得都没劲了。我家没记得有得这个霍乱病的。有土方能治，得了霍乱，给你扎扎放血，喝坑水，没医生治。

逃荒的也多着了，大部分都在邢台那扛长活，一年5斗高粱，就是150斤，可苦了。那时候都是土平房，拿土坯垒的，也没砖，六七尺高，拿树叶一篷，（雨）下急了，噗嚓噗嚓屋里全都漏，那时候可受罪了。

俺这洺河开过口子，1963年开过一回，我那会儿在大队里，1963年那次房都倒毁了。水就在街上，哗哗的。民国32年我记不清。

日本人下来抢粮，你要交公粮，要是不交他就下来抢，来了以后枪一支，就到你家里撵你鸡，找到你粮食了，就装走了。俺这有些粮食俺父亲都埋了。日本人一来都吓跑了，街上就没人了。八路军早就有了，我记得一次八路军跟老日打了，儿童团去背伤号，我去了，没背那次。咱儿童团都在地里睡，不在家，怕人来了以后逮住了。儿童团平常就是送信，部队在这，好比说区长叫你到 ×× 去送信，让人逮住了就毁了。放哨，村在这里了，老日一过来赶快通知村子赶快跑。那会还有法儿了，都打个照门，照门就是在这个街前头搭个五六尺高的墙头，整个小门，人能过，老日来了他的车辆不能走。再就是挖地洞，老日来了朝里一钻，钻地里。都跑了就没人了，日本人干什么也不知道，有鸡就逮鸡，有牛就牵牛，那鸡点了火就烧了吃了。倒没见过日本人打人杀人。

采访时间： 2007 年 9 月 30 日

采访地点： 鸡泽县小寨镇魏街

采 访 人： 李 龙 李 斌 解加芬

被采访人： 李书谊（男 78 岁 属羊）

李书谊

我一直在这个村子住着。小时候穷，少吃没喝的。日本人在这儿占着，八路军不敢露头。日本人是哪年来的咱说不准，光知道日本来是春天里，从曲周过来的。白天没八路军，晚上才敢出来。日本人来村子里的不多，一般来皇协军。日本人一般不出来。原来村里都挖这个地洞，挖出去好几里地，日本人来了跑不及，就钻这个洞，他找不着。八路军局里干部下的命令，叫挖的。

民国 32 年少吃没喝的，人饿得吃枣核。没下雨。“老天阴了天，昼夜不停接接连连下了七八天，下雨得了潮湿，人人得霍乱，人都死了一大半”，这是八路军编的歌。八月里下的雨。下雨的时候我家都漏了，没一点干地方。地下挖个五尺六尺的就有水，下雨下的，稍微挖点就见水。一下下个七八天，没白天黑夜的，地上能没有水吗？人得霍乱的病，不大一会儿就死了。人少吃没喝，又受了潮湿，连饿连潮，就生霍乱病。（霍乱）就是下雨下的，七八天下大雨，然后就得霍乱的病，俺家有，俺爹就是，肚里没饭，饿的。（俺父亲）没有上吐下泻，就是肚里没饭。很快就死了，死了就埋了。没医生，找不到医生看。村里还有不少人得霍乱病，人家的事儿咱说不清，肚里没饭，不对劲儿，不大会儿就毁了。

受潮，潮湿得霍乱，一上来人就不中了，肚里没饭。

（民国32年）没有河里来的水。都是下雨下的。这附近有滏阳河，那年没开口子，那几年没淹，后来1963年淹了一回。

家里没吃的，就开始往外要饭去了，出去的人不少，有跑到山西洪洞县。

采访时间：2007年9月30日

采访地点：鸡泽县小寨镇魏街

采 访 人：李 龙 李 斌 解加芬

被采访人：魏付生（男 84岁 属鼠）

魏付生

小时候生活不好，吃得不好，打小就给人家打工，老天不下雨就得挨饿。俺爹在邢台卖烧饼。家里地，回家种地，老赖地，一个人3亩地，一亩地打七八十斤，种地吃不饱，出去打工，有扛长活的，给人锄地，扬场，给粮食就吃饱饭了。叔叔等一家人在一块儿住。

日本人民国24年就来了，日本人住在鸡泽县（外国人都住在大地方），也说不清都干啥，都抓兵，也抢粮，见过日本人在城里抢粮，也出来，一来（老百姓）都跑了，就都收了。日本人办坏事，霸占男女，男的当兵，抓住就罚，打老头，给人挖沟，不挖就打，经常打人，没打过我。

日本人没查过身体。打过针，防疫针，我记得打过，那是听说。光听说这事儿，不知道哪一年，是日本人在这儿的时候。

见过日本的飞机飞过，也没飞多高，记得扔过炸弹，没记得扔其他东西。

民国32年灾荒年在家，生蚂蚱，灾荒，蚂蚱吃了。下雨下得沥水。民国32年没开口子（河）。得病，肚子疼，长疥疮，浑身痒，没别的病。霍乱肚子疼，可肚子疼，有疼死的，有跑茅子，要了命了。多是不多，治都治不及，就这病，肚子疼，除了这没记得别的了。再加上老病，加灾荒，霍乱就死了。没记得有抽筋。得病死的不多，不记得周围有人得病，年头不好，急，把狗肉给吃了，把肚子饿扁了，有撑坏的。民国32年下雨下淹了，下雨沥水，不记得什么时候开始。

16岁参军，在鸡泽县永殿，民国32年回家。咱这儿逃荒不多，东边多。到码头逃荒的多。谷子也收了，高粱也收了，打100斤就很多了。

这儿没日本人抓劳工，装麻袋里系上，光听这儿说。码头那儿没井，咱这儿井也不多，那儿的人大吃大喝，好喝酒，逃到山西，大部分逃到山西。

西木堡村

采访时间： 2007年9月30日

采访地点： 鸡泽县小寨镇西木堡村

采 访 人： 王占奎　张文艳　韩继良

被采访人： 韩　氏（女　娘家姓韩）

我不记得名字了，娘家姓韩，娘家姚庄，12岁到的这儿。

灾荒年蚂蚱多，不知道是哪年了。俺到西边去拾麦子，闹灾荒是因为没下雨，人都有出去逃荒的。那时候得的病叫霍乱，就是瘟疫，叫痧子霍乱，就那年，以前没有，我是听老人说的，当时听说得的人很多，不知是不是传染，是秋后。以后得的就少了。那时（有）日本人，日本人不多，都在炮楼上。

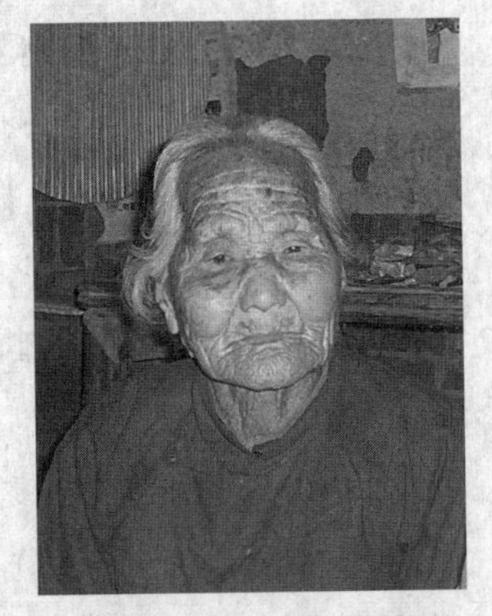

韩 氏

采访时间：2007年9月30日

采访地点：鸡泽县小寨镇西木堡村

采 访 人：张文艳　王占奎　唐继良

被采访人：胡喜顺（男　81岁　属兔）

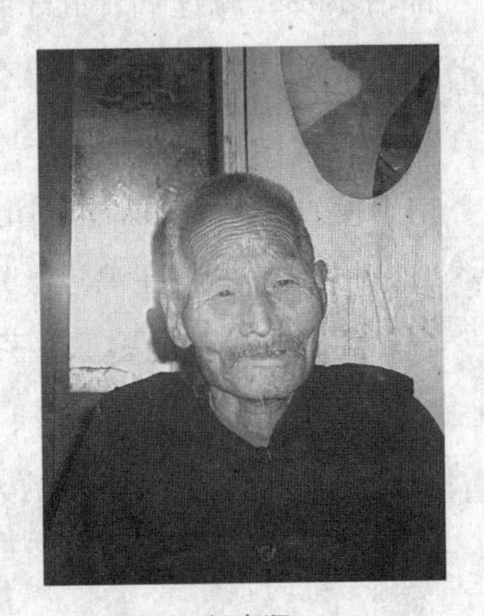

胡喜顺

民国32年灾荒，日本（人）在，他们要东西，也支援八路，两头要。一亩地打3斗。逃难都到山西太原，我逃难去石家庄北边，麦子收获回了，收5斗麦子。民国32年当时春天不下雨，到秋天下了，雨很大，雨紧一阵慢一阵，都朝北流了。

当时病的很多，都说是霍乱，治不起。不懂得病后症状，听大人说的，不知道传染吗，人死得不快，我家没人得病。我当时还小，12岁至13岁。记得有好多炮楼，日本（人）炸东西和桥我见过，日本（人）有飞机，飞机不扔东西。

山西没熟人，所以我不去那逃荒。

记得有蝗灾，河面上蚂蚱抱团飘过来，从河东过来，是民国32年后过来的。

采访时间： 2007年9月30日

采访地点： 鸡泽县小寨镇西木堡村

采 访 人： 张文艳　王占奎　唐继良

被采访人： 梁振洲（男　70岁　属鼠）

赵灵珠（女　73岁　属猪）

严爱凤（女　76岁　属猴）

严:（娘家）离着12里地，我21（岁）来这个村。那时才穷哩，没吃哩。比这强，有井浇，少，无大井，能浇地，6口人。咱那村那时候都没有，都穷。种小米、小麦、棒子，割了麦子种棒子。不能打多少，不够吃，吃点糠，吃点菜，民国32年灾荒年才穷哩。下七天七夜，没啥吃。

那一年种不上庄稼，旱哩，不落雨点，老天爷不下，民国32年下了七天七夜。民国32年出去，在外面住了一年两年。那时候地里生那个蚂蚱，扬起来就见不着了，蚂蚱把粮食都吃了，灾荒年是草籽不见，蚂蚱是过了灾荒年。

赵：民国32年就得霍乱哩，下了七天七夜，都受了潮，都饿死了，得霍乱。肚里疼，小孩死的多哩。谁得霍乱，咱小，不记哩，快症，传染。严重啦就过不来了，有死了哩，有扎针。

左起：梁振洲、赵灵珠、严爱凤

梁：扎扎，捆住（指胳膊），等起的筋一扎，嗤，血出来了，人都这么说，肚里疼，就知道啦，霍乱。不断有这个病，就知道了。光听说谁得霍乱啦，这个说有传染病了，那个说有传染病了。

采访时间：2007年9月30日

采访地点：鸡泽县小寨镇西木堡村

采 访 人：张文艳　王占奎　唐继良

被采访人：王克检（男　71岁　属牛）

王克检

我上过小学。我一直在这村。家里就是农民。

小时候有日本人，抢老百姓。那会儿收成一亩地还不到100斤，那时候村里还不到1000人。村里种高粱、玉米、豆子、谷子。那会儿粮食不够吃，现在谁还吃玉米面、高粱面啊。

灾荒年我知道啊！都饿死的饿死，逃荒。我父亲和哥哥都逃荒去了，我父亲死外边了，后来是我哥哥抬回来的。逃到东三省吉林去了。被日本抓去到那儿掏煤窑了，就像奴隶。我那时候还小，人家不要。我就和我母亲在家，等我哥哥和我父亲出去以后，我和我母亲就出去要饭，到东陈庄，离这里有四五里地。灾荒年是民国32年。那时候我六七岁。

灾荒年是雨水不好，旱，种不上庄稼。一个是旱，另一个是没井，旱的时间不短。民国32年那年，唱歌，“灾荒32年，下了七八天……”下了七八天，能安上苗。种的麦子。第二年收成就行了。

饿死的多了！光俺这个村庄逃荒的一多半，有死的，有活着的。逃到陕西，哪儿也有。挖煤窑有逃回来的，有放回来的。我哥哥是解放以后回来的。灾荒年以后剩了多少人我不知道。

那时候也不知道啥是传染病。有病死的。霍乱听说过，出现过，那时候医生不高级，不知道预防。五六月出现的。我小时候（村里）不断地有这个毛病（不确定哪年），肚子疼，疼得躺不住。别的症状咱不知道，可不就死了，快着咪。我倒没亲眼见过，听说过。那会儿条件可不如现在，扎针，有钱人就能治，就好了。那会儿伤亡率大着哩。那会我小，才七八岁，家里有没有得病的我不知道。那会儿谁知道传染不传染。

西边十来里地有个牛尾河。滏阳河在东边，离西边这个河还远。后来，1963 年发过水，六月十六。之前记不清了。牛尾河原来在柳林口村东，后来就到村西了（河改道了）。

见过日本人，都留胡子，不住村里，有炮楼。要粮食的时候就来村里。见过日本飞机。方翅膀。飞得不高。没扔过炸弹，就是经过。不止一个，反正不多，有个两三个。不是经常有。

蚂蚱到处是。要往哪飞都往哪飞。那会儿我有十三四岁。厉害着来，一过去高粱地就没么了，它吃高粱叶。

哥哥和父亲当劳工的地方是东三省吉林凤翔。我哥哥回来的时候是刚刚土改的时候，毛主席领着斗争地主，分土地。回来的时候身体还可以。

小寨村

采访时间： 2007 年 9 月 30 日

采访地点： 鸡泽县小寨镇小寨村

采 访 人： 王　凯　周　俊　于　播

被采访人： 康明香（女　80 岁　属龙）

吴炳骧（男　78 岁　属马）

高爱莲（女　75 岁　属鸡）

康明香

康：灾荒年我 15 岁，前一年收成还行，但第二年（灾荒年）就不行了，西边河里上了大水，粮食都没有人收。俺孩子的大爷就是得霍乱，没有扎好就死了，当时我们还是一大家子一起吃饭，这病不传染，它上来就吐不停，我们都喝井水，有草有柴火就把水烧开了喝。

吴炳骧（左）、高爱莲

吴：那年死人多，多是饿死的，好多逃荒去了山西、河南。这边下雨一连下了七天，村里地势高，水没有进来。我没有逃荒，在舅舅家，他家情况比我家好。吃不饱的人就逃荒了。灾荒年村里听说有得霍乱的，有名的有陈凡明、董文真，上哕下泄，与天气有关，没有大夫治，就用针扎胳膊扎舌头，出血了就好了，死了七八个人，治好的少。解放后就很少有这病了。

我们附近当时还有土匪，肖学城、胡老枣（外号）是两个头儿，村里也有地主，一般家里有二三百亩地，灾荒年地主家有吃的，所以土匪抢他们的粮食，不抢本地的。滏阳河发水是真的，没听说是日本人挖的河堤。

日本人在这村里住过一天，没见过有穿白大褂的。他们组织宪兵队抓村民修炮楼，小寨镇听说有被抓去日本的一个姓安的，日本投降后才回来的。日本人还抓了11个儿童团的人扣押在城里，花钱就能赎回来，抗日政府说花多少钱也要弄回儿童团来。儿童团就是站岗放哨，见日本人来了就报告，一般是11—14岁的孩子。

日本人在陈马昌用机枪射过人，这儿没有，听说杀的是共产党，但具体情况不清楚。日本人来之前见过日本飞机，飞得不高，看得挺清楚的，就是看不清图标，还向城里扔过炸弹。皇协军不知道有多少人。

采访时间：2007 年 10 月 2 日

采访地点：鸡泽县小寨镇小寨村

采 访 人：王 凯 周 俊 于 璠

被采访人：史书义（男 81 岁 属兔）

史书义

邯郸原名光武府，解放后改为邯郸市，永年、鸡泽、邯郸等县都属它管辖。我们小寨村一直归鸡泽县管辖。

我没上过学，小时家里兄弟 6 个，我最小。原来家里有 70 多亩地，都种棉花，后来搬家后爹出去做买卖，就剩下 30 来亩了。粮食根本不够吃的，我们这里不种玉米、种高粱，一亩能收 200 多斤，每 100 斤上缴 20 斤。

我十来岁时日本人从鸡泽打仗过来了，还到过村里。当时鸡泽驻有国民党军队，日本人有 100 多人，他们用飞机把城炸了，国民党就跑了。日本人在鸡泽和小寨修炮楼，一般在炮楼里平时也会出来转悠。他们在这儿靠皇协军才能站住脚，皇协军有 500 人左右，经常抢东西。日本人和皇协军在这边杀过人，不过在村里没有。

我 1942 年去山西当兵走了，过了灾荒年 1947 年才回来了。家里只剩下一个五哥，那时和家里不通信，也不知道家里人怎么过的日子，听五哥说哥哥都没了，只剩个妹妹和父母。我身体受过 17 处伤（示腿部战伤），当时我是刘伯承手下的三九团一二九师二连的班长，一个班人数不等，十七八个人，我们和阎锡山部队、日本人都打过仗，参加过由彭德怀领导的百团大战，后来阎锡山投降了。战后班里就剩下七八个人了。

山西那时没有灾荒，因为土地多。回来后听说这边有灾荒还生蚂蚱，粮食都被虫子吃光了。那时听说村里有霍乱，营养不良的人就会得，肚子疼，用针扎，挑不出来就死了，有的亲戚邻居也有得过的，我们家里就有得霍乱的，但具体情形记不清了。那时村里也没有大夫，得病就自己治。

滏阳河开口子是河的南边自己开的，1963年这里上过大水，水深50公分左右，水还进村里。灾荒年发水少，井都被淹了，但水没进村里。回来后村里剩707个人了。

日本人占领这里时，八路军的地方军也来过，正规军没有来，他们人太少了，就不打日本军队。

东范街村

采访时间：2007年9月30日

采访地点：鸡泽县小寨镇东范街村

采 访 人：靳爱冬　张海丽　齐　飞

被采访人：范大田（男　78岁　属马）

范大田

灾荒年逃出去，日本人来捣乱，好几年。才开始旱，没几亩地，没长苗。后来下雨了，下了七八天，好房子下倒了，十座房子有九座倒了。下雨后水不大，人都吃糠咽菜。灾荒年大部分人要饭走了，到西边，山里边。

霍乱病就是上来就病，上来就肚子疼，人都面黄肌瘦，走不动就滚。都是饿的得霍乱病。得那病治不好，一天死了3个，一上来就死。不知道传染不传染，（还有）水肿病，因为吃不好。

这里1956年发过大水，民国32年没发大水，民国32年就是旱，不能长，糠菜也不够吃，人都饿死了。

在这个村里见过日本人。抢东西，抢了个鹅给吃了，日本人在鸡泽城住着，光住县城。见过日本飞机。没有见过穿白大褂、戴口罩的日本人，见过穿绿军装、大皮鞋的军人，那时候人小不记得了。附近有炮楼，寺河口有一个。日本人在这待了八年。日本人从鸡泽退到永年，出来要东西，日本人走的时候才十五六岁。没留过什么东西。

蚂蚱我记得，蚂蚱一层，吃苗吃得很快，那时候我十五六岁，那时候日本人可能退了，几年都没吃的。

采访时间： 2007 年 9 月 30 日
采访地点： 鸡泽县小寨镇东范街村
采 访 人： 靳爱冬　张海丽　齐　飞
被采访人： 范玉壮（男　79 岁　属龙）

范玉壮

民国 32 年大灾荒，家里有 5 口人，兄弟两个，两个老的，嫂子，家中无地，仅一亩多地，吃榆树叶。我没去逃荒，哥哥给地主做工去了。

民国 31 年没有雨，民国 32 年五月有雨，家中粮食埋在地下，防日军抢。民国 32 年七月下大雨，下了七天七夜，不收粮食。灾荒年下大雨时住平房，漏雨用玉米秆，那时候没有塑料布，没有煤炭，没有茶碗，不用锅。喝井水，雨水与井口平了，喝生水。有炭做顿饭，有时烧一下。民国 32 年春天没吃的，村子里死的人不少，不到一半，驸马寨死的人多，饿死的人数多，饿的浮肿病。老人、小孩死得比较多。

日军在中国待了八年，十月份来的，我 8 岁时日本军来的。下雨时日军已经来了，（人们）害怕日本人还没来都已经逃了。日军常来，见过，穿军装，跟电视上的一样，不穿白衣服，有戴口罩的，钢盔。日本人抢粮食，杀人像杀鸡。日本人指使伪军抢粮食，不抢别的东西。没有给中国人打过疫苗，根本不管死活，在鸡泽也没有打过。日本军的飞机炸鸡泽城，扔炸弹，没有扔过其他东西。日本人是民国 34 年七月离开鸡泽城的，隔灾荒年一年后。

霍乱病不严重。

民国33年五月蝗灾，那时候正割麦，五月，盖地，不露地面。小的乱蹦，向西就飞了。在地边挖沟，扎死蝗虫。（蝗虫）从东面的滏阳河过来，成团由河而来，到太行山时就长翅膀了。河东滏阳河的苗都吃光了，一过地苗就全光了。蚂蚱不能吃，连鸡都不吃。

1956年、1963年发过大水，南边滏阳河，漳河也开口子。

要　庄

采访时间： 2007年9月30日

采访地点： 鸡泽县小寨镇要庄孟街

采 访 人： 靳爱冬　张海丽　齐　飞

被采访人： 王清晨（男　89岁　属羊）

王清晨

民国32年家中七口人，父母、我两口、妹妹、女儿，家里26亩地，盐碱地，一般年份够吃，民国32年不够吃。民国32年，饿得逃，群众逃荒。我在姨家生活，西边500里地，灾荒年不在家。我在那里待了二三年，那时没有日本人。

日本人来时在家，日军在灾荒年后到来。邻居家有两家得霍乱病的，死了。连着死了好几口，村里人死得不多，自己在村里不知道是否传染，不知道那些人是否哕泻。

张贯庄

采访时间： 2007 年 10 月 2 日

采访地点： 鸡泽县小寨镇张贯庄

采 访 人： 王 凯 周 俊 于 播

被采访人： 张玉臣（男 77 岁 属羊）

张玉臣

我小时穷，没上过学，家里 6 口人，父母、我、哥、妹。种 50 多亩地，人多上肥料多，吃高粱谷子萝卜，一年收两担 10 斗。

灾荒年天干，春天没下雨没有收粮食，小寨好一些，那里有井。旱了一个春天，粮食都没收。到了秋天也没下雨，后来下了点雨，能吃点就着榆叶柳叶吃东西，磨了吃。没粮票不卖粮给你，只卖菜，饿得拿回来给孩子吃了。那时没饭饿得没东西吃，若干饿死了。

人都逃到山西太原、榆次，要着饭走过去的，要不着就饿死了，有的给点饭，有的不给。冬天去的，隔年住的，五六岁的孩子跟大人趴着哭，都没得吃饿死了，都死庙里了，树窟窿不知埋了多少人，后来日子好了就把尸体挖出来重新埋了祭祀。我自己逃到山西，在山西没住上一年，几个月的时间就回来了。兄弟们各自都逃了，谁也不顾谁，后来家人都回来了。村里人都没了，都死了，逃出去的都没回来。

上过大水，人都饿死了。听老人说过霍乱，灾荒时没有这病，霍乱就是没劲，没听说这病能治。

日本人来村里时我见过，我八九岁时他们来的，抢东西、衣服、鸡蛋、活鸡，没杀人。有一个村里的人是八路军，给抓走了，叫吴老向，抓内蒙古去了，没回来就死了。日本人不很闹，皇协军很闹，抢东西。小寨有炮楼，日本人经常来村里，游击队和日本人打过仗，打着打着枪就不出来子弹了。日本人枪好，八路打不过就跑了。

我十五六岁时被抓去小寨、山埠，北边的村子我都去过，是灾荒年后的事，在家拿了窝头喝凉水自己过去修。日本人不打人，只看着你修，炮楼比一般的大树还高，多的里面住四五十个人，皇协军多，日本人少。

1943 年鸡泽县雨、洪水、霍乱调查结果

鸡泽县乡镇总数：7 个；调查乡镇总数：7 个

村庄总数：169 个；调查村庄总数：81 个

乡镇	雨				洪水				霍乱				采访村庄总数
	有	无	记不清	未提及	有	无	记不清	未提及	有	无	记不清	未提及	
曹庄乡	10	0	1	2	4	4	0	5	11	1	0	1	13
风正乡	5	0	0	1	5	1	0	0	4	2	0	0	6
浮图店乡	3	0	0	0	3	0	0	0	2	1	0	0	3
鸡泽镇	11	0	0	1	7	4	0	1	6	1	1	4	12
双塔镇	10	1	0	1	5	4	0	3	10	1	0	1	12
吴官营乡	14	0	0	0	9	2	0	3	10	3	1	0	14
小寨镇	20	0	0	1	8	7	0	6	17	2	0	2	21
合计	73	1	1	6	41	22	0	18	60	11	2	8	81

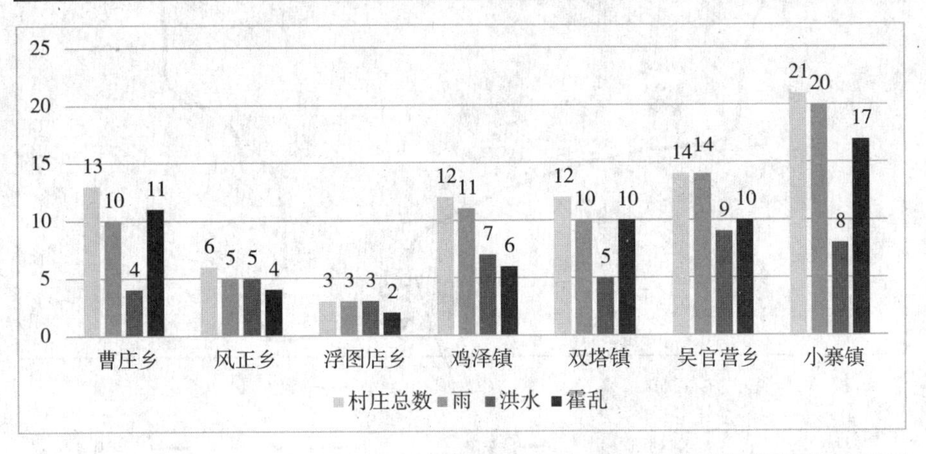

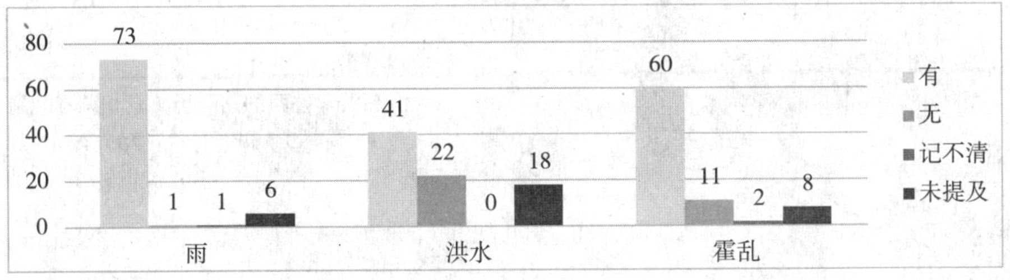

河北省鸡泽县1943年霍乱流行示意图

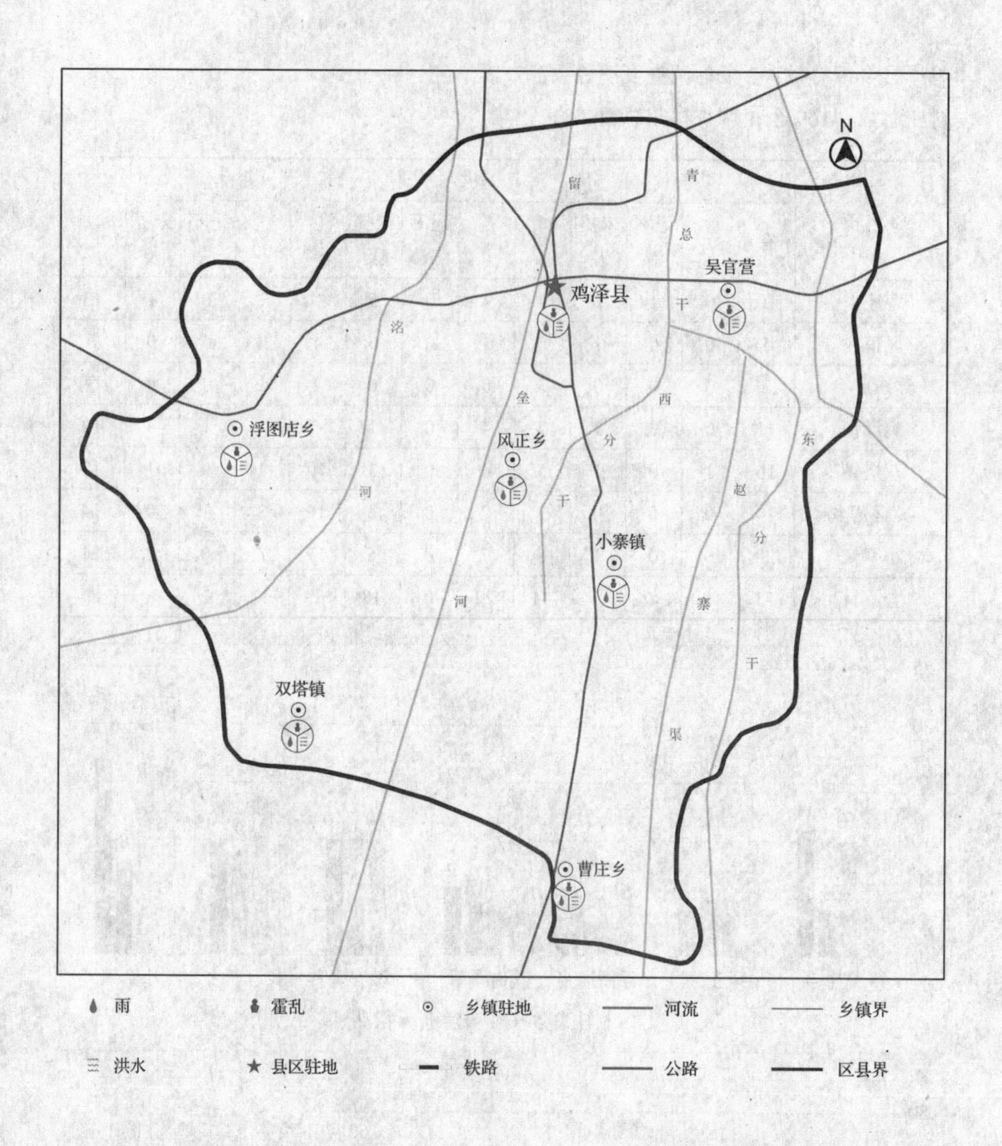

山东大学鲁西细菌战历史真相调查会制

调查时间：2007年10月

1943 年鸡泽县曹庄乡雨、洪水、霍乱调查结果

调查村庄总数：13

	雨	洪水	霍乱
有	10	4	11
无	0	4	1
记不清	1	0	0
未提及	2	5	1

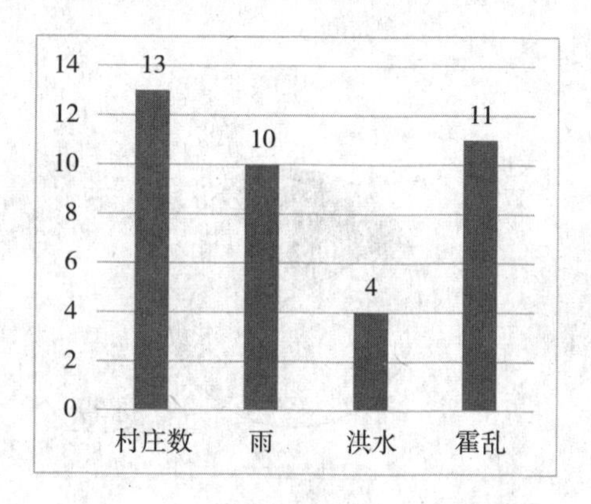

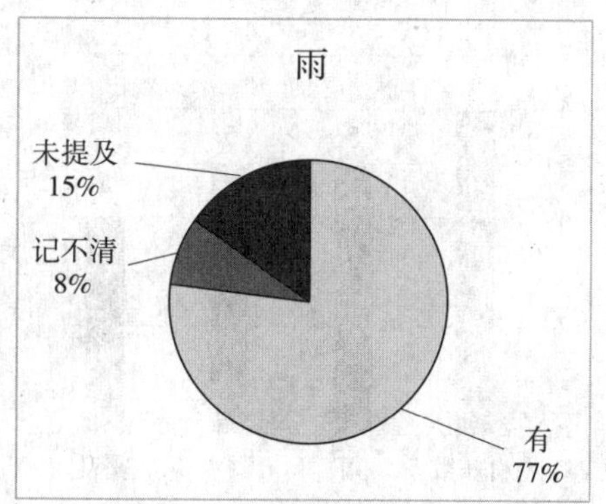

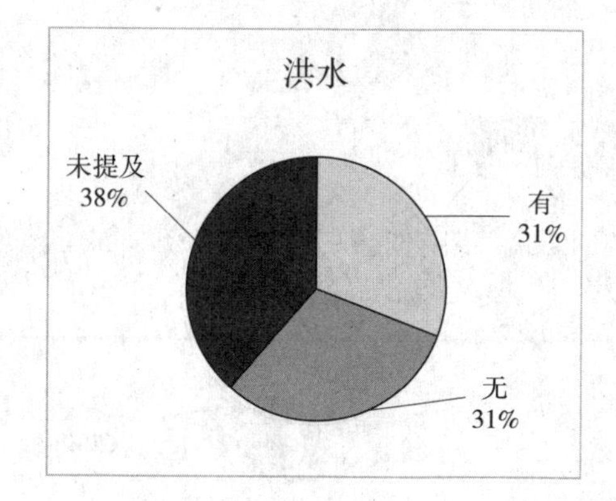

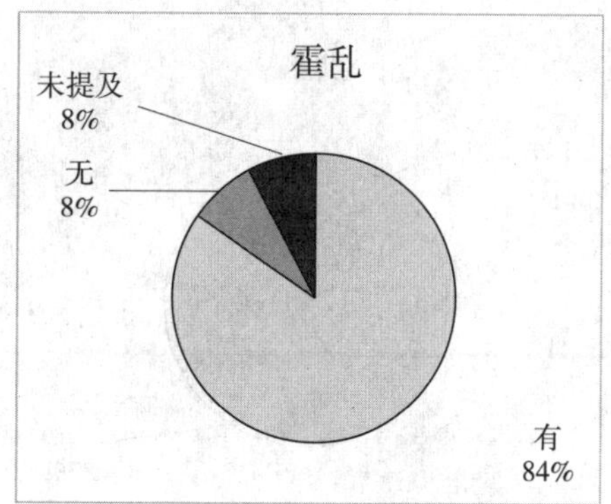

1943年鸡泽县风正乡雨、洪水、霍乱调查结果

调查村庄总数：6

	雨	洪水	霍乱
有	5	5	4
无	0	1	2
记不清	0	0	0
未提及	1	0	0

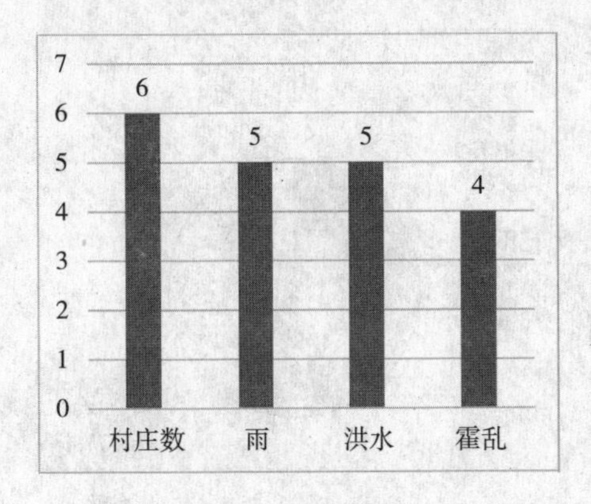

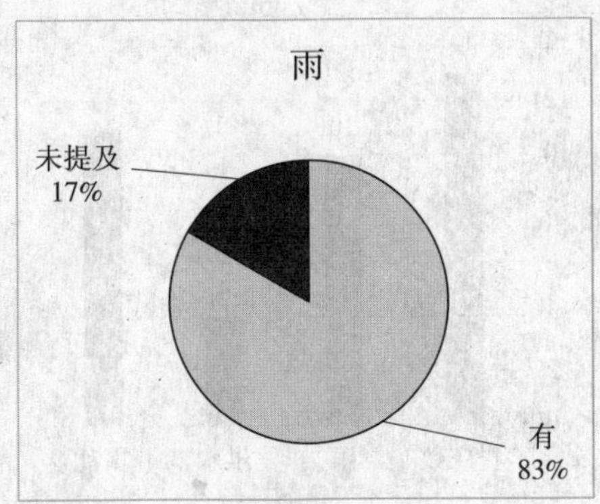

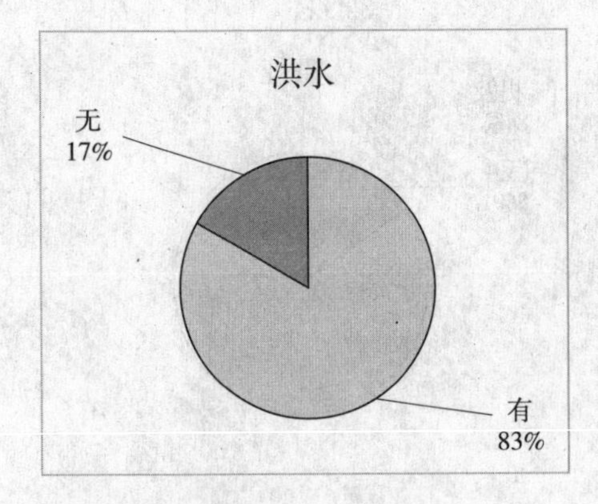

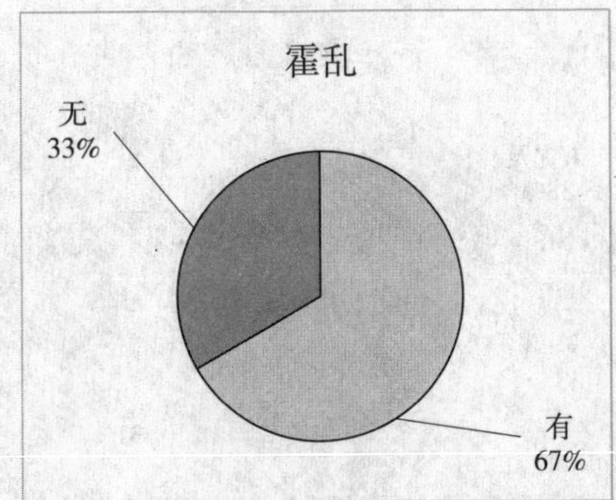

1943 年鸡泽县浮图店乡雨、洪水、霍乱调查结果

调查村庄总数：3

	雨	洪水	霍乱
有	3	3	2
无	0	0	1
记不清	0	0	0
未提及	0	0	0

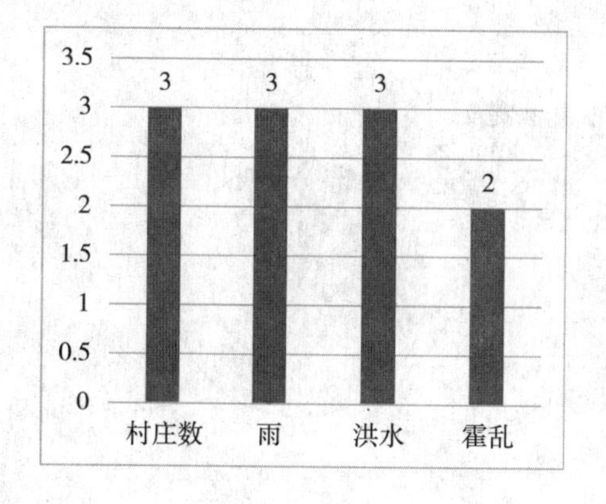

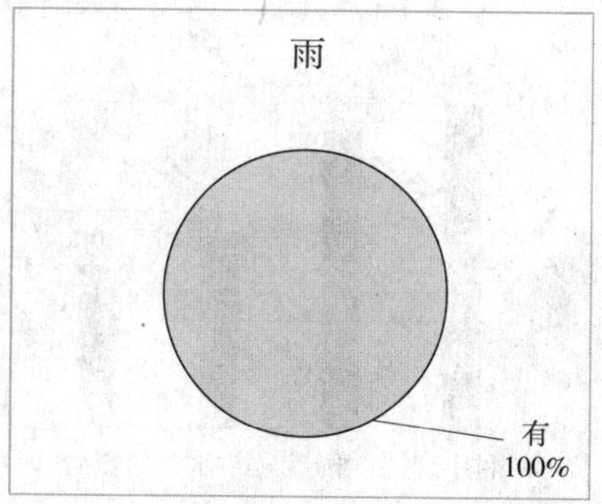

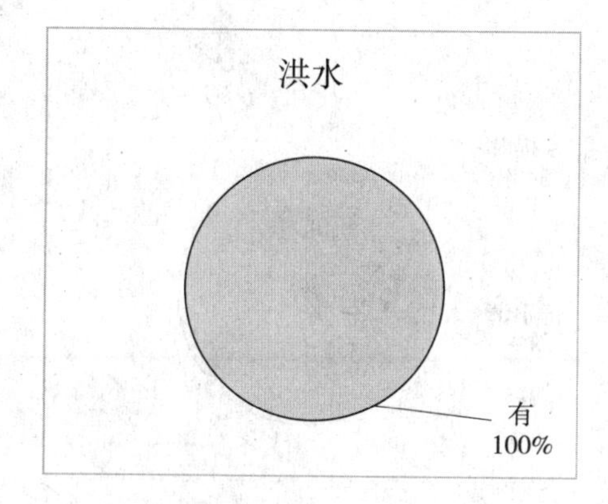

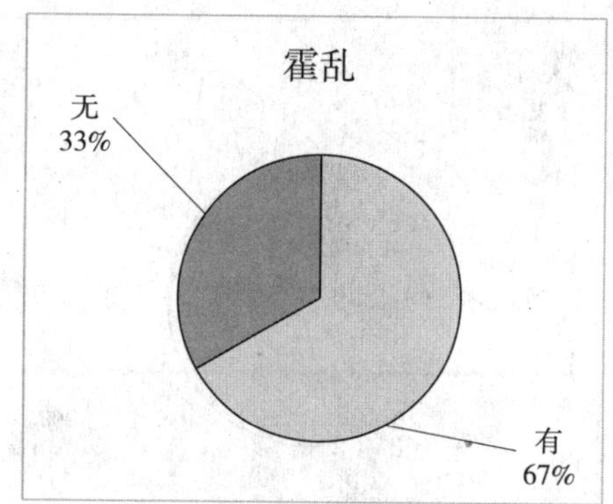

1943年鸡泽县鸡泽镇雨、洪水、霍乱调查结果

调查村庄总数：12

	雨	洪水	霍乱
有	11	7	6
无	0	4	1
记不清	0	0	1
未提及	1	1	4

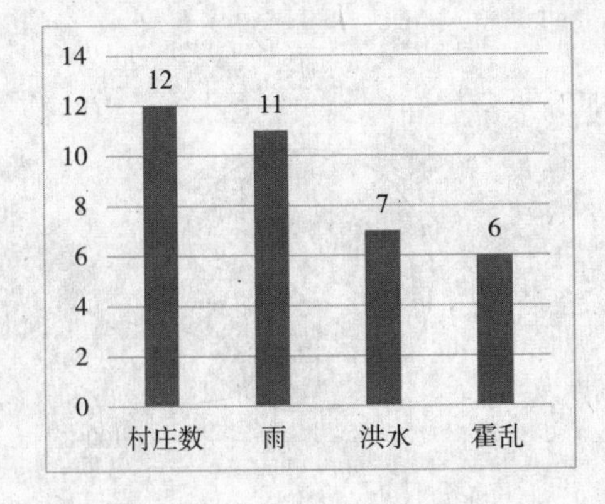

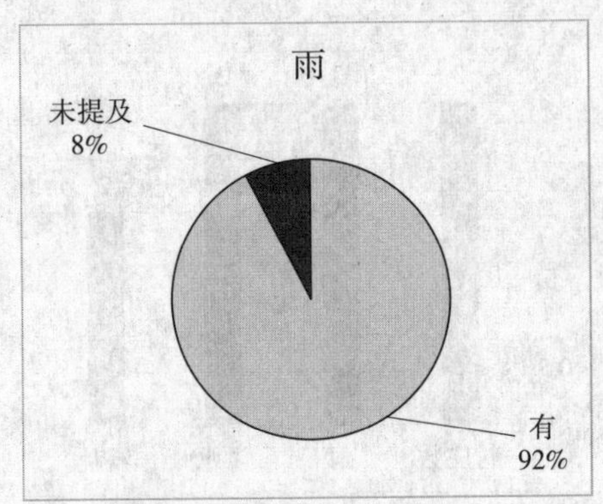

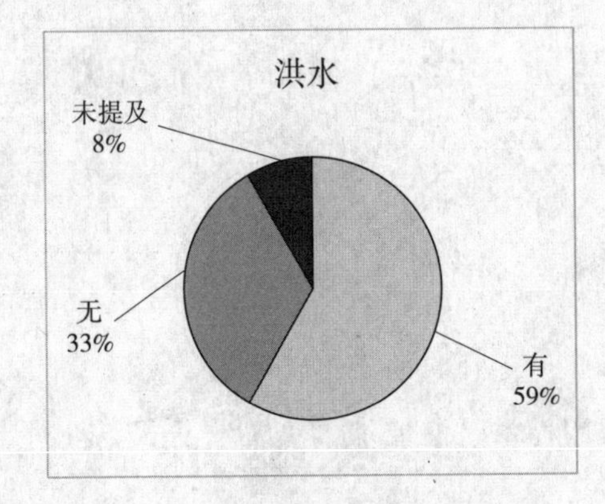

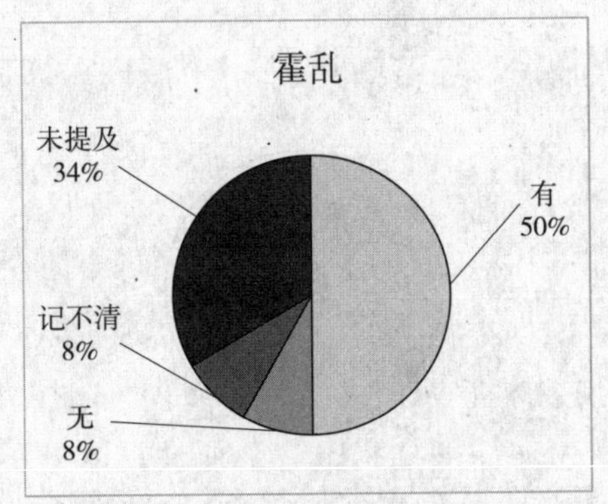

1943年鸡泽县双塔镇雨、洪水、霍乱调查结果

调查村庄总数：12

	雨	洪水	霍乱
有	10	5	10
无	1	4	1
记不清	0	0	0
未提及	1	3	1

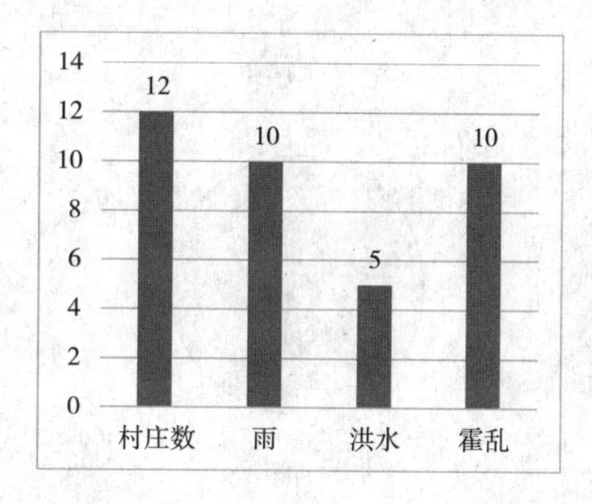

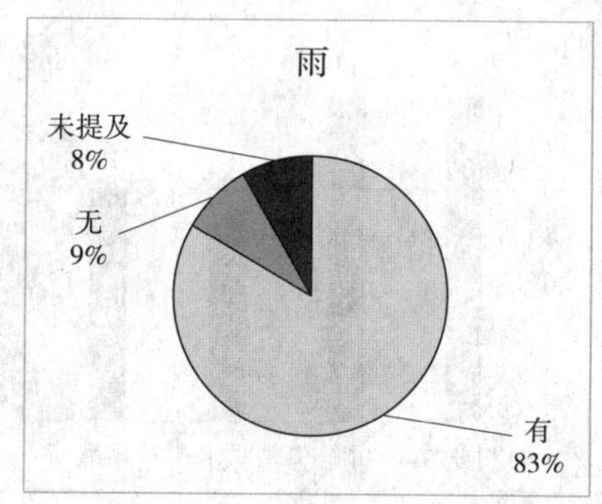

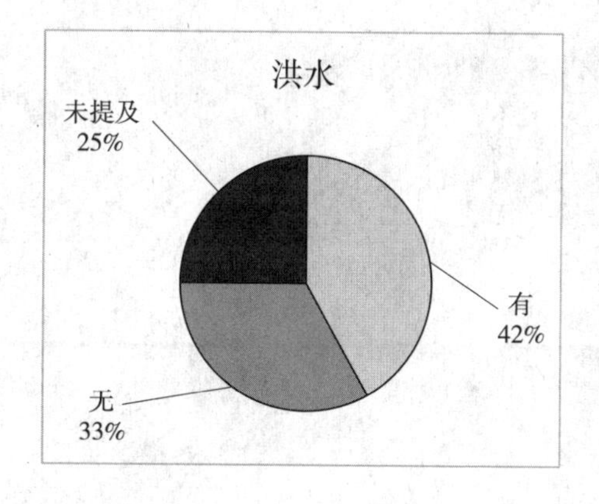

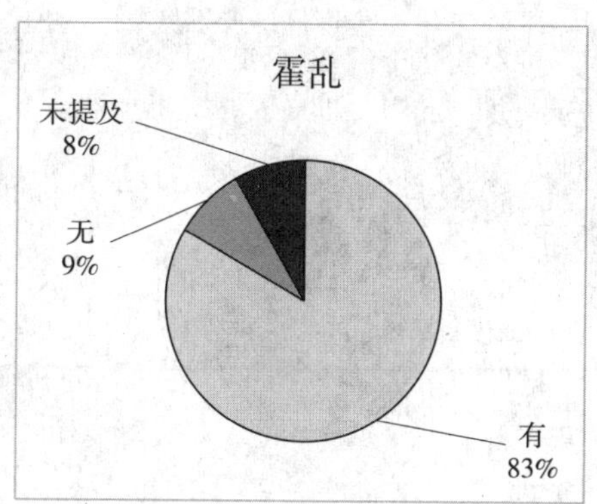

1943年鸡泽县吴官营乡雨、洪水、霍乱调查结果

调查村庄总数：14

	雨	洪水	霍乱
有	14	9	10
无	0	2	3
记不清	0	0	1
未提及	0	3	0

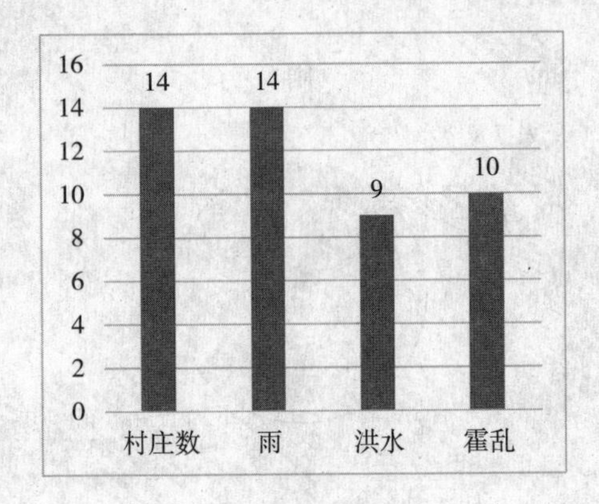

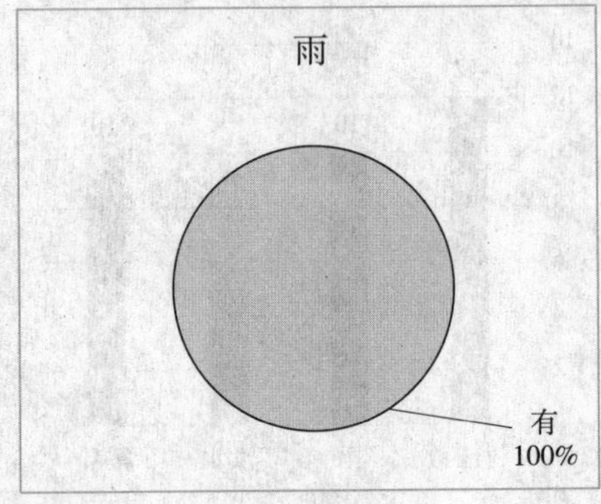

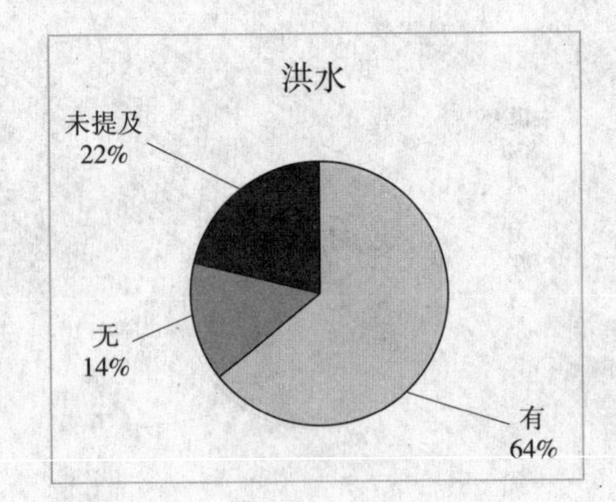

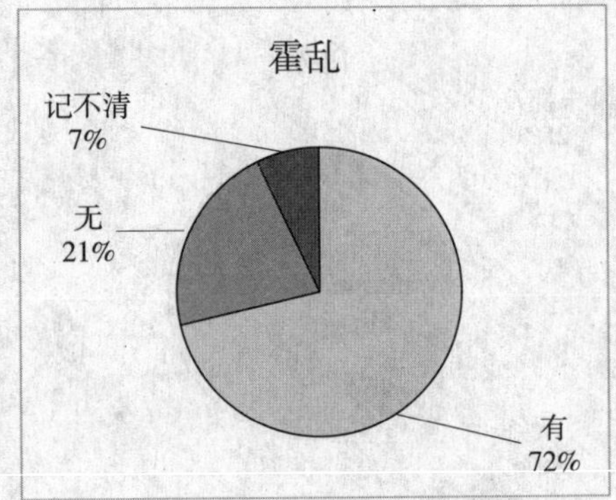

1943 年鸡泽县小寨镇雨、洪水、霍乱调查结果

调查村庄总数：21

	雨	洪水	霍乱
有	20	8	17
无	0	7	2
记不清	0	0	0
未提及	1	6	2

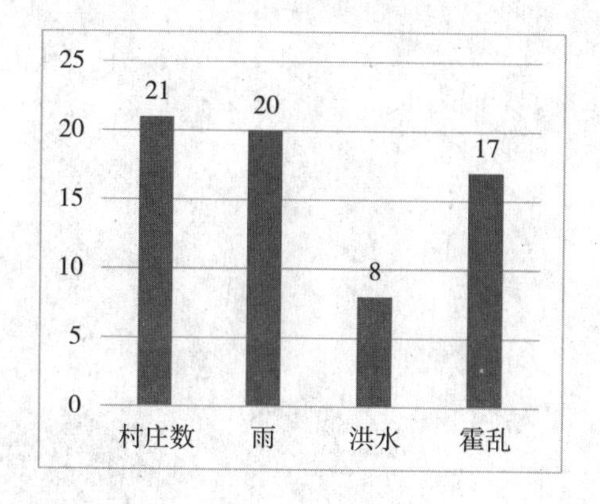

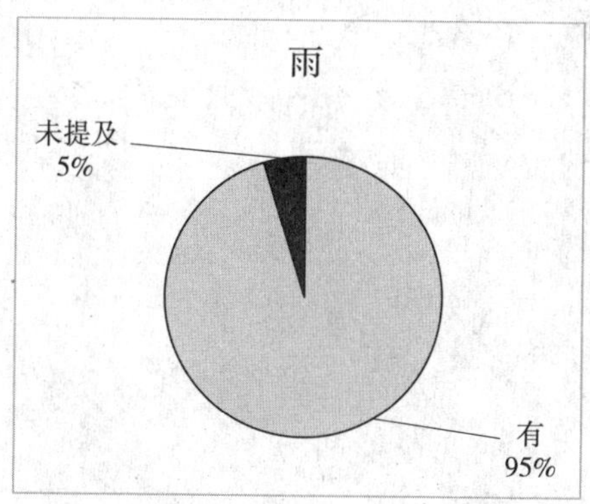

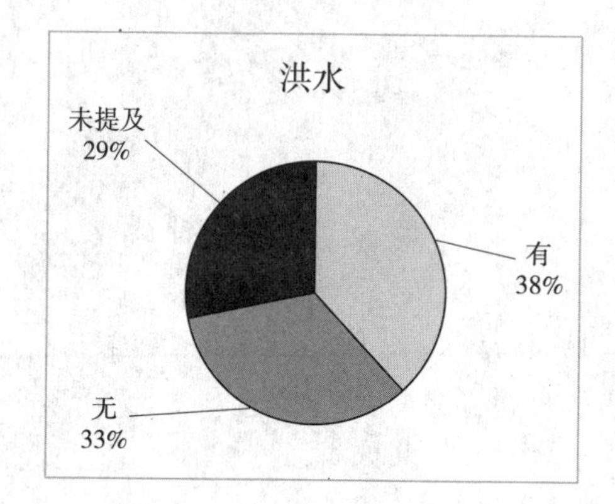

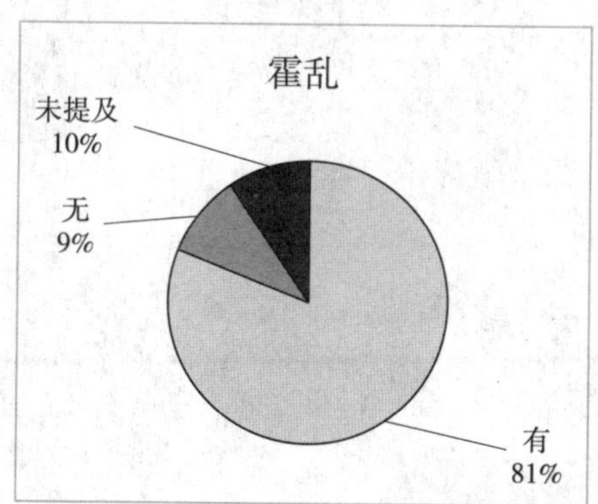